THÉORIE PHYSIQUE

DES

PHÉNOMÈNES SURNATURELS

PAR

Paul DOUAY

LILLE
Le Bigot Frères, Imprimeurs-Éditeurs
25, rue Nicolas-Leblanc, 25

1903

THÉORIE PHYSIQUE

DES

PHÉNOMÈNES SURNATURELS

THÉORIE PHYSIQUE

DES

PHÉNOMÈNES SURNATURELS

PAR

Paul DOUAY

LILLE
LE BIGOT FRÈRES, IMPRIMEURS-ÉDITEURS
25, rue Nicolas-Leblanc, 25

1903

INTRODUCTION

Une théorie du surnaturel vient-elle à propos dans un milieu où bien des gens traitent les questions de ce genre avec un scepticisme railleur, et à une époque où les succès retentissants de la science semblent donner raison à ceux qui ne jurent que par elle ?

Une telle théorie n'a-t-elle pas moins de chances encore d'être bien accueillie, quand elle affiche la prétention d'être physique, c'est-à-dire de se réclamer exclusivement de la matière en des sujets où les influences matérielles passent pour n'avoir aucun droit et aucune raison d'être ?

Car alors à qui compte-t elle donner satisfaction ?

Ses dehors matérialistes détourneront d'elle immanquablement ceux qui voient dans les phénomènes surnaturels des manifestations de l'Esprit Divin, ou l'Esprit Divin lui-même au sommet des manifestations qu'il préside.

Quant à ceux pour qui l'idée du surnaturel est synonyme de faiblesse superstitieuse, y croiront-ils davantage, même quand la physique leur donnera la garantie d'une base plus solide ?

C'est pourtant notre confiance en l'efficacité de ce moyen qui nous en fait tenter l'expérience.

Oui, les hommes de nature peu croyante et fermée à toute suggestion qui tient du mystique, seront sans doute plus sensibles aux impressions positives que leur ménage la voie où nous les convions.

Quoiqu'en raison des premières difficultés à vaincre, nous n'ayons franchi qu'un bien faible parcours, c'en est assez pour que d'autres curiosités s'éveillent et poussent plus loin les reconnaissances.

Car la route est assez belle pour mériter qu'on la connaisse. Elle découvre des horizons nouveaux ; elle fait voir la divinité sous un jour qui, à notre sens, est le véritable, et qui doit plaire à l'optique spéciale des incrédules.

C'est donc à eux surtout que nous adressons

ce modeste ouvrage en les priant de lui faire crédit d'un peu de patience. Malgré son titre peu rassurant, notre théorie leur imposera le moins possible de ces discussions techniques ou doctrinaires qui fatiguent l'esprit par leur aridité. La lecture n'en serait pénible que si elle devenait ennuyeuse ; et elle est trop courte pour tomber dans ce défaut, nous l'espérons du moins.

Si, au contraire, nos idées ont le mérite et le bonheur de les intéresser, peut-être sentiront-ils que quelque chose est changé en eux. Ils n'auront plus la même foi dans leur incrédulité. Ils commenceront à trouver que le surnaturel est en somme plus naturel qu'ils ne pensaient.

Ils s'inquièteront alors des rapports de l'homme avec les Puissances Supérieures ; et le grave problème de la destinée humaine s'imposant à leur esprit, prendra dans leurs préoccupations la place qui lui revient et qui est la première, en avant de l'idole scientifique.

THÉORIE PHYSIQUE
DES
PHÉNOMÈNES SURNATURELS

I

Métaphysique expérimentale

Les divisions qui, de tous temps, ont partagé les écoles philosophiques, tiennent à la distinction établie entre l'esprit et la matière.

A tout ce qui tombe sous l'un de nos sens, on donne le nom de matière ; et par cela même que ces choses se voient par les yeux, ou se sentent par le toucher, nous y croyons sans difficulté.

L'esprit au contraire se révèle, non par lui-même, mais par ses manifestations, par une certaine faculté de raisonnement et de généralisation, et par des notions abstraites de quantité et de qualité, d'où l'alliage matériel n'est jamais d'ailleurs complètement éliminé.

Quant à la substance même de l'esprit, elle nous échappe tout à fait. Nous ne la voyons et ne la sentons d'aucune manière. On ne peut ni la définir, ni la déterminer, si ce n'est par des comparaisons négatives, en disant par exemple qu'elle est immatérielle, ou qu'elle ne tombe sous aucun de nos sens. Aussi l'esprit, en tant que substance, n'offre-t-il pas la même certitude que la matière.

Les spiritualistes ont fait de Dieu un pur esprit, parce que cette nature leur a paru convenir nécessairement aux attributs de la Divinité. Ils ne se représentaient pas l'Éternel et l'Immuable sous une forme matérielle ; car à la matière sont toujours associées certaines idées de transformation et de désagrégation.

Ils admettent également que l'âme humaine est un esprit immortel, distinct du corps. La spiritualité est inséparable de l'immortalité, qui elle-même est une conséquence des obligations et des sanctions de la loi morale. Où serait la responsabilité de nos actes, bons ou mauvais, sans l'immortalité de l'âme ? Et comment l'âme serait-elle immortelle sans être spirituelle ?

Les matérialistes opposent à cette doctrine des affirmations toutes contraires. Ils nient que l'esprit soit une substance distincte du corps. Ils le considèrent simplement comme une forme particulière de la matière. Leur système n'admet ni la spiritualité de Dieu, ni l'immortalité de l'âme, ni la sanction d'une vie future.

Placées à ces deux points de vue opposés, les deux écoles se combattent depuis des siècles sans résultat appréciable. Aucune des deux ne réussit à ébranler l'autre, et encore moins à la rallier à elle.

Les hommes qui assistent à cette lutte interminable, où les mêmes coups sont invariablement suivis des mêmes ripostes, s'en désintéressent de plus en plus. L'indifférence gagne le grand nombre des spectateurs, qui ne se donnent même plus la peine de prendre parti, attendant qu'il leur vienne d'un côté ou de l'autre un trait de lumière qui les éclaire.

Or, après tant de siècles écoulés, il est très présumable que la lumière attendue ne jaillira jamais des discussions philosophiques.

La raison humaine a fourni suffisamment les preuves de son impuissance. Elle s'égare invariablement dès qu'elle aborde les sommets de la métaphysique ou les profondeurs de l'infini.

Que reste-t-il pour relever de l'oubli, où elles tombent si malheureusement, ces questions dont l'importance est pourtant primordiale, puisqu'elles renferment le secret de notre destinée ?

Il reste à fournir aux hommes le genre de preuves sensibles auxquelles la méthode expérimentale les a habitués.

Il reste à transporter dans le domaine spirituel les procédés d'expérience employés pour l'étude des corps physiques.

Entreprise chimérique, si l'esprit est bien réellement une substance distincte des corps.

Entreprise réalisable, si, comme nous le montrerons, la matière, dans la variété de ses transformations, est en état de revêtir la forme spirituelle avec tous ses attributs, y compris l'immortalité.

Alors les diverses sectes philosophiques s'arrangent, et leurs doctrines se concilient.

On n'en est plus réduit à démontrer l'existence de Dieu par des arguments que rétorquent d'autres arguments tout aussi spécieux, de sorte que la raison ne sait plus auxquels croire. Non, il devient possible de montrer la divinité vivante et agissante, et surtout en substance, dans le cercle des choses qui sont à notre portée.

Voilà ce qu'exigent pour être convaincus les hommes positifs de notre époque, et voilà le but que nous poursuivons : nous servir du témoignage des sens pour faire connaître Dieu à ceux qui se refusent à l'admettre par les lumières de la raison.

D'autre part les hommes ne se contentent pas de nier la divinité. Ils prétendent lui en substituer une autre, la science, dont les pouvoirs sont les leurs, et dont l'empire, sous l'impulsion de leurs conquêtes, s'agrandit démesurément.

Par elle, ils ne doutent pas de briser les obstacles qui les arrêtent aujourd'hui, de triompher de leurs infirmités, de s'élever en un mot au dessus des conditions actuelles de l'humanité, ou, pour parler le langage des géants de la légende, de tenter l'escalade du ciel.

Aussi, sous peine de renouveler le drame de Prométhée, importe-t-il de tracer la frontière devant laquelle la science doit respectueusement s'arrêter.

Tant pis pour elle si, aveuglée par ses succès, elle ose empiéter sur le terrain dont une Puissance Supérieure défend jalousement l'accès. Sa victoire se transformerait vite en désastre ; et l'humanité serait entraînée derrière elle dans une catastrophe irréparable.

Ces considérations que nous ne faisons ici que présenter sommairement, et qui sont assez énigmatiques pour surprendre au premier abord, paraîtront toutes naturelles dans la suite de ce travail, qui les éclairera en les précisant.

II

Matière inerte

Cherchons d'abord à établir la relation qui unit l'esprit et la matière.

Examinons la matière sous une de ses formes les plus simples : par exemple un gravier de composition quelconque, chaux, potasse, alumine, fer, carbonate ou phosphate, n'importe lequel, pourvu qu'il entre dans la composition des corps organisés.

Suivons la série de ses transformations ; et nous le verrons d'abord inerte, puis animé, ensuite doué de sensibilité et de volonté, enfin atteignant la manifestation la plus élevée qui se rencontre sur notre globe : l'observation et le raisonnement.

Voici donc ce gravier que je ramasse de terre. Je le tiens entre les doigts, et je sens sa forme ronde ou aiguë à la résistance qu'il m'oppose. Les yeux voient cette forme comme la main l'a sentie, et ils en perçoivent en outre la couleur. En heurtant cette pierre contre une autre, le choc rend un son sensible à l'oreille. Bref, il ne manque aucun des signes auxquels on reconnaît la matière. Le corps est donc bien matériel avec toutes les qualités que nous attachons à cet état.

Pourtant, si je l'abandonne à lui-même, le voilà qui retourne au sol d'où je l'avais tiré. Comme s'il était pressé d'arriver au but, il prend le chemin le plus court : la ligne droite et normale. De nouveau je le relève et je l'abandonne ; de nouveau il cède au même mouvement en suivant la même direction. Et cette direction, toujours verticale, est si constante que les artisans n'ont pas de meilleur guide pour la sûreté de leur travaux.

Tout à l'heure, quand nous examinions le gravier inerte sur la main, rien ne faisait supposer le mouvement dont il était capable. Cette propriété ne figurait pas parmi les sensations matérielles qu'il nous faisait éprouver. Nos yeux ne la voyaient pas. Nos doigts la sentaient encore moins. Aucun sens ne la faisait deviner ; et maintenant même que l'action s'est révélée, nous ignorons encore la cause qui l'a produite.

Quelle est cette cause ? Personne ne la connaît. On dit : c'est l'attraction. Et qu'est-ce que l'attraction ? C'est la propriété qu'ont les corps de s'attirer mutuellement. Et comment les corps sont-ils attirés l'un vers l'autre ? En vertu de l'attraction. On pourrait tourner longtemps dans le même cercle. Arrêtons-nous. Jouer sur les mots, n'est pas les définir. La physique constate le fait ; elle note les lois qui le régissent. Pour le reste, elle est muette.

La cause est ignorée dans sa nature, parce qu'elle est invisible, parce qu'elle est impalpable, parce qu'elle ne tombe sous aucun de nos sens.

C'est donc un esprit ? Est-ce quelque sympathie qui attire le gravier vers les particules semblables de la masse terrestre, comme le penchant qu'ils ont les uns pour les autres, réunit les hommes en société ? Evidemment non, répondent les spiritualistes. Le penchant suppose une âme, et la pierre n'a pas d'âme.

Alors qu'est-ce donc que l'attraction ? Encore une fois, nul ne le sait. Et il reste simplement entendu qu'il y a dans les corps un agent, force, propriété, faculté, — le nom n'y fait rien, — qui les porte à se réunir ; que cet agent caché nous échappe, parce qu'il est immatériel, et que, tout en étant immatériel, il est néanmoins un attribut de la matière. Car personne ne songe à soutenir qu'un esprit distinct soit logé dans la pierre et uni à elle par quelque lien mystérieux. Concluons en disant que, dans le morceau d'argile la plus grossière, il y a déjà quelque faculté supérieure à l'idée que nous nous faisons de la matière.

III

Matière qui s'anime

Notre gravier qui, en tombant, se dirigeait vers le centre de la terre, ne va pas jusqu'à destination Il est retenu à la surface du sol. Qu'une goutte d'eau vienne le dissoudre ; que la racine d'une plante soit à sa portée ; il est absorbé et assimilé par le végétal dont il devient l'une des cellules.

Avec la conformation cellulaire, c'est tout un bouleversement dans la matière, primitivement inerte et désormais animée.

Ses propriétés ne se traduiront plus, comme tout à l'heure, par un simple mouvement rectiligne toujours identique. Non ; un être aux facultés multiples va se développer et se reproduire.

Il est formé et nourri des sucs minéraux de la terre ; mais jamais on ne reconnaîtrait ses ancêtres de pierre dans la variété et l'intensité de vie qui déborde de lui.

Les cellules naissent les unes des autres ; et, par leur multiplication, font parcourir au végétal toute les phases de sa croissance.

Dans les veines de la plante, la sève circule comme un sang nourricier. La tige se dresse au-dessus du sol, tandis que les racines plongent pour la fixer avec solidité. Latéralement les branches s'élancent de droite et de gauche, et se couvrent de verdure. La fleur, comme une parure de fête, vient en son temps, annonçant le fruit et la graine.

Toutes ces diversités de formes ont leur raison d'être comme leur fonction ; et la cellule se modifie pour donner à chacune d'elles les qualités qui lui conviennent.

La tige, faite de tissus résistants, supporte le poids de la ramure, du feuillage et des fruits. L'écorce protège le tronc et les branches de sa rude cuirasse. Un moelleux duvet emmaillotte le bourgeon.

Tout l'effort de la plante tend à mener à bonne fin la maturité des semences, tendre espoir de la race. La racine et les feuilles, qui sont chargées de fournir les aliments à la jeune lignée, rivalisent de zèle pour que rien ne lui manque. La feuille met à contribution les gaz nutritifs de l'air que le vent renouvelle ; et la racine fouille profondément la terre dont elle suce les sels. La racine surtout a le rude labeur. Elle extrait du sol des matériaux qui sont à quelques mètres seulement des branches les plus basses, mais qu'il s'agit aussi de hisser jusqu'au faîte vertigineux des grands arbres, pour nourrir ceux des fils qui sont nés dans la nue.

Et la plante, en bonne mère, continue sa tâche sans se lasser. Elle retient toute cette progéniture attachée à son sein jusqu'à complet développement. Alors seulement, et comme à regret, elle s'en sépare quand elle la voit au point d'être mère à son tour.

Tous ces soins, dira-t-on, sont l'œuvre du créateur. N'anticipons pas sur les résultats. Peu importe maintenant de savoir comment et par qui le principe vital a été mis dans la plante. Il s'agit seulement de constater qu'il y est, et de déterminer s'il tient à l'esprit ou à la matière.

Or, malgré la prévoyance, l'énergie, voire même la tendresse qu'on y trouve, va-t-on supposer un instant qu'une âme préside à la vie du végétal, comme les anciens Druides plaçaient une Divinité dans le cœur des grands chênes ? Quoi ! Une âme dans ce qui n'est que la pierre transformée !

En réalité, pour donner naissance aux phénomènes vitaux, il a suffi que la matière changeât de forme.

A l'état moléculaire du gravier a succédé l'organisation cellulaire de la plante. En même temps sont apparues les propriétés nouvelles. Elles sont nées de la matière ; elles n'ont pas d'autre base. Aucune substance spirituelle n'est venue s'y adjoindre, bien que déjà l'esprit soit en germe dans les qualités acquises.

IV

Matière douée de sensibilité et de volonté

C'est une loi de ce monde que les espèces vivent aux dépens les unes des autres. Nous avons vu le gravier dissous par l'eau, et absorbé par le végétal. Celui-ci n'a pas un meilleur sort. Un bœuf, pressé par la faim, vient à passer et en fait sa nourriture.

Dans l'estomac du ruminant s'élabore un mystérieux travail de transformation. En s'associant à la chair de l'animal, en s'incorporant à un organisme plus compliqué, la matière va prendre de nouveaux états, et découvrir des propriétés inconnues jusqu'ici.

Au surplus celles qui sont acquises, le sont une fois pour toutes. Le gravier ayant formé le végétal ; et le végétal s'étant changé en chair vivante, l'animal se ressent de cette double filiation. Il reste soumis aux lois de l'attraction comme la pierre ; et d'autre part, ses canaux digestifs agissant comme les racines de la plante, distribuent les aliments à tout le corps, sans qu'il ait à s'en préoccuper.

Des facultés nouvelles viennent en addition aux anciennes.

La plante est fixée au sol par ses racines. Pour qu'elle vive, il faut que les aliments s'offrent d'eux-mêmes au contact des organes de nutrition. Quand elle manque d'eau, elle n'a ni la volonté, ni le pouvoir de chercher la source vive qui la sauverait.

Plus favorisé, l'animal est une machine mobile, montée sur des jambes articulées qui vont et viennent, courent et s'arrêtent.

Si la faim le tiraille, il se met en quête de pâturages, baisse son cou vers l'herbe dont la bonne odeur lui fait envie, l'arrache des lèvres et de la langue, la broie sous les dents, en perçoit la saveur, et l'accepte pour nourriture parce que son goût est satisfait.

Qu'il aperçoive ou qu'il entende quelque part un troupeau de ses semblables, le désir lui vient de les rejoindre. Il met en branle sa masse pesante, et la dirige vers ceux dont il recherche la société. Il se mêle à eux, parce qu'il trouve plaisir à vivre en leur compagnie.

Voir, entendre, sentir, goûter sont des sensations. Désirer la société de ceux qu'on aime, est un sentiment. Aller vers eux est un acte de volonté.

La question que nous avons à nous poser à propos des phénomènes de sensibilité et de volonté, est la même que précédemment. A quelle substance faut-il les rattacher ? Esprit ou matière ?

Ici les avis ne sont plus unanimes, et l'on aperçoit la scission qui se dessine entre partisans de l'âme et du corps.

Les intransigeants de la doctrine spiritualistes prétendent qu'il n'y a ni sensibilité, ni volonté possible sans la présence de l'âme.

D'autres, répugnant à l'idée de faire de la bête un être spirituel et responsable, admettent la matière comme base de ses facultés. Il est vrai qu'effrayés de cette concession dangereuse, parce qu'elle est également applicable à la nature humaine, ils se rétractent aussitôt en établissant une distinction assez subtile entre l'intelligence et l'instinct.

Nous n'avons pas à intervenir dans ces querelles de mots. Retenons seulement les faits évidents et reprenons la question déjà posée, en nous demandant s'ils tiennent à l'esprit ou à la matière.

L'hypothèse de l'esprit est certainement le moyen le plus commode de se tirer d'embarras. L'esprit est quelque chose qu'on ne voit pas, qu'on ne connait pas, dont on ignore la substance, qui loge on ne sait où. En lui attribuant tous les pouvoirs, on est dispensé d'en justifier aucun.

Si, au contraire, les facultés sont un produit de la matière, il s'agit de montrer par quel mécanisme elles en dérivent. Et l'entreprise ne va pas sans difficultés, car il y a une grande variété de phénomènes à expliquer.

L'animal voit, sent, entend, goûte, ressent maintes sensations diverses.

En outre, il éprouve de la joie ou de la douleur, de l'amour ou de la haine, de la colère ou de la pitié. Il est peureux ou courageux, en un mot, sujet à des sentiments très variés.

La matière doit se montrer en lui sous autant de formes qu'il y a de sentiments et de sensations. On ne comprendrait pas qu'une même forme matérielle eut des facultés si diverses.

En ce qui concerne les sens, il est certain qu'à chacun d'eux correspond une substance spéciale, qui est le siège de leur fonction.

La rétine qui voit, ne ressemble pas au tympan qui entend, ni à la membrane olfactive qui perçoit les odeurs, ni à la langue qui goûte, ni à l'épiderme sensible du toucher.

Personne ne songe à contester le rôle évident et la forme particulière d'organes aussi distincts que les yeux, les oreilles, la bouche, le nez.

Mais les sentiments, amour et haine, joie et chagrin, colère et pitié, timidité ou audace, se forment-ils de la même manière ?

De même que pour voir, entendre, goûter, sentir, se trouve une substance spéciale à chaque sens, y en a-t-il une également pour aimer et haïr, se réjouir et s'affliger, etc. ?

La similitude des effets est un premier indice de la similitude des causes.

On considère généralement le cœur, les poumons, l'estomac, le foie, comme de simples organes de digestion et de combustion, où s'élaborent la nourriture et la chaleur nécessaires à la vie.

Ces résultats, s'ils eussent été les seuls à obtenir, ne demandaient pas tant de complications. La vie physique se suffit par des moyens bien plus simples. La plante grandit et s'alimente sans avoir besoin de ces organes variés, qui se montrent seulement chez l'animal en même temps que la sensibilité et la volonté.

Les poumons servent à oxigéner le sang; le cœur à le lancer dans la circulation. L'estomac digère les aliments ; le foie les intervertit en glycose. C'est la fonction physiologique de chacun d'eux.

N'en ont-ils pas une autre ?

Il y a certainement des organes qui remplissent un double rôle, physique et sensuel ; et la dualité est évidente par exemple pour la langue et le nez.

La langue sert à l'articulation des sons, et à la déglutition des aliments, qui sont des actes purement physiques. Mais en même temps, elle est le siège du goût et de la bonne chère, c'est-à-dire d'une des sensations les plus vivaces, sensation dont nul ne doute à coup sûr, maîtresse impérieuse qui, toute la vie, nous mène par le bout... de la langue, passion qui reste jeune quand tout vieillit en nous.

Le nez est à l'orifice du conduit respiratoire. Il puise l'air dans l'atmosphère pour l'amener aux poumons. C'est un acte mécanique. Mais en même temps, la membrane olfactive est la base de l'odorat : encore un maître, dont on ne peut nier l'autorité, maître exigeant et fantasque, moins changeant toutefois depuis qu'il s'est pris d'un engouement assez bizarre pour les âcres fumées du tabac.

Pourquoi les organes du goût et de l'odorat seraient-ils les seuls à jouir d'un double privilège, physiologique et sensuel ? Pourquoi l'estomac qui vient après la bouche, et les poumons après les narines, auraient-ils une fonction purement digestive et respiratoire ? Pourquoi ne s'y joindrait-il pas quelque faculté de sensation ou de sentiment comme c'est le cas pour le goût qui est à la langue et l'odorat au nez ?

Les sensations qui nous mettent en rapport avec les choses du dehors, sont attachées à des organes extérieurs. Les sentiments qui sont d'une nature intime, trouvent leur asile à l'intérieur.

Certes les organes internes qu'on ne voit pas, ont un rôle plus discutable parce qu'il se traduit moins ostensiblement. Mais l'analogie permet de les assimiler, sous ce rapport, à ceux qu'on voit, et dont ils sont la continuation.

De tous temps d'ailleurs, le bon sens populaire a localisé les sentiments à l'intérieur de l'organisme ; plaçant l'amour et la haine dans le cœur : l'humeur bonne ou mauvaise dans le foie et la bile : la fermeté ou la faiblesse dans l'estomac ; la gaîté ou la mélancolie dans les poumons, la pitié ou la cruauté dans les entrailles. La substance variée de chacun de ces organes engendre la variété des sentiments.

Il serait aussi intéressant qu'utile de déterminer scientifiquement la fonction sentimentale afférente à chaque organe. L'expérience seule peut la faire connaître, et elle dispose de deux méthodes pour y arriver.

1° Suivre l'échelle des êtres du simple au composé, et noter, degré par degré, avec la progression des organes, la progression corrélative des facultés.

2° Opérer sur des êtres complexes ; et soit par l'ablation chirurgicale, soit par l'anesthésie locale, supprimer la vie d'un organe, et vérifier parallèlement la faculté qui disparaît.

Par l'une ou l'autre de ces méthodes, la physiologie éclairerait bien des côtés obscurs des passions animales.

Le cerveau est l'organe centralisateur où se résument tous les autres. Des fils de communication, appelés cordons nerveux, le relient à tous les points du corps, et lui transmettent les sentiments et sensations qui s'y produisent. Il les associe et acquiert ainsi la connaissance complète de l'objet qui affecte d'ordinaire plusieurs sens à la fois. Les yeux, les oreilles, le cœur, etc., sont remués à l'aspect d'un être complexe. On voit ses formes et sa couleur, on entend ses cris, on se sent attiré ou repoussé.

Chacune de ces sensations existe par elle-même, à l'état isolé, dans l'organe spécial où elle prend naissance. Les fils nerveux les rassemblent en un faisceau, et reconstituent dans le centre cérébral la synthèse de l'objet avec sa forme, sa couleur, sa voix et le sentiment de beauté ou de laideur, d'attrait ou de répugnance qu'il éveille.

Le cerveau est bien placé pour tenir le gouvernement de la machine animale. Jugeant les impressions qui lui arrivent de toutes parts, il donne des ordres en conséquence, c'est-à-dire fait mouvoir les yeux, la bouche, les jambes, la tête, et tout le corps suivant le besoin.

Il est le centre d'un mouvement d'échanges incessants, qui vont des organes à lui, et de lui aux organes. Il ne se contente pas de recevoir, il restitue à son tour. De tous les points montent vers ce foyer les propriétés spéciales à chaque état de la matière. Il les réunit, il les combine, et en forme ce quelque chose : fluide vital, effluve cérébral, qu'il répand dans tout le corps comme un principe de vie.

En résumé, les phénomènes de la vie physique, comme ceux de la vie sensible, s'expliquent par la variété des formes de la matière.

Plus les organes sont complexes, et plus les facultés sont nombreuses. Les deux niveaux s'élèvent simultanément. Dès qu'un organe nouveau fait son apparition, parallèlement surgit une faculté nouvelle. Leur étroite connexité témoigne du rapport qui les unit, comme la cause à l'effet.

Dès lors, à quoi bon recourir à l'hypothèse d'un agent spirituel ? L'intervention de l'esprit n'a pas plus d'utilité que de raison d'être.

Que rien ne nous étonne de la matière phénoménale ! La sensibilité et la volonté, qui viennent de se révéler en elle, n'ont pas épuisé ses pouvoirs. Elles ne font qu'en présager d'autres d'un ordre plus élevé encore.

V

Matière qui observe et qui raisonne

Encore une étape à franchir ; encore un progrès dans la composition des organes et du cerveau ; et la matière, en prenant la forme humaine, atteint le plus haut degré de perfection connue' ici-bas.

L'homme est, sans contredit, le premier des êtres de la terre ; et sa prédominance s'affirme par des preuves manifestes.

A mesure qu'il avance dans la conquête du globe, il refoule toutes les créatures vivantes, domestiquant celles qui sont à même de lui être utiles, détruisant les dangereuses et les nuisibles. Les plus grandes et les plus fortes le servent ou disparaissent. Seules, les invisibles lui échappent, en se dérobant à la faveur de leur petitesse microbienne.

L'œuvre humaine est également incomparable par la grandeur et la variété des découvertes mécaniques, physiques et chimiques; par l'ingéniosité et la puissance des inventions industrielles. L'animal, au contraire, en est toujours au même point. L'oiseau fait invariablement le même nid ; l'abeille dépose son miel dans les mêmes rayons de cire. Ni l'un ni l'autre ne progresse. Il y a donc comme un abîme entre les animaux toujours enfermés dans le même cercle, et l'homme qui recule sans cesse la limite de ses connaissances et de ses moyens.

La différence des facultés est-elle toutefois aussi grande que le ferait croire la disproportion des résultats ? Est-il nécessaire qu'il y ait chez l'homme une essence particulière, l'esprit, d'où vient sa supériorité ?

En rapprochant les facultés humaines de celles de l'animal, nous allons les trouver très inégales sans doute dans leur étendue, mais en même temps assez identiques dans leur nature pour que, si les unes dérivent de la matière, les autres puissent en sortir également.

Sans doute, tel n'est pas l'avis des spiritualistes, qui tiennent à établir une distinction formelle entre la raison et l'instinct.

D'après eux, la raison est une faculté qui appartient exclusivement à l'homme, et qui le met hors de pair. Elle lui permet de s'élever à la connaissance de Dieu, du devoir, de la récompense et de la peine futures, sanction de la loi morale.

Les spiritualistes ne se demandent pas si les lueurs de raison qu'on aperçoit chez l'animal, sont un diminutif de la raison humaine. Ils ne consentent à y voir que des impulvions instinctives, de manière à établir deux catégories bien tranchées : l'instinct, dérivé de la matière ; la raison, étincelle de l'esprit divin.

On voudra bien reconnaître que tout est fantaisiste dans une telle classification.

La distinction entre l'intelligence et l'instinct repose sur une simple hypothèse. Quant à la raison qu'on divinise pour ainsi dire, elle n'est même pas la première des facultés humaines et il en est une autre, à qui elle est subordonnée : nous voulons parler de l'observation.

Celle-ci n'a pas la prétention de planer si haut au-dessus des choses terrestres. Sa portée ne dépasse pas celle des sens au moyen desquels elle étudie la nature dans ses plus minutieux détails.

Elle a même été de longs siècles méconnue et méprisée en raison de son rôle à première vue peu flatteur, et de certaines nécessités désagréables qu'entraîne la pratique expérimentale. Aujourd'hui le revirement d'opinion est complet ; et l'on peut dire qu'elle prend une éclatante revanche.

L'homme a le pouvoir, grâce aux sens dont il est pourvu, d'observer les phénomènes qui se passent autour de lui, soit directement quand ils sont à la mesure ou à la portée de ses organes, soit par l'intermédiaire d'instruments grossissants ou rapprochants, quand les objets sont trop petits ou trop éloignés.

Il multiplie les expériences, les vérifie les unes par les autres, et quand le même fait s'est reproduit identiquement un grand nombre de fois, il érige le cas particulier en généralité. Ainsi se forment les lois ou axiomes scientifiques qui ne sont que l'observation généralisée.

L'axiome est la base du raisonnement qui, par une marche inverse, va du général au particulier. Le raisonnement est une opération très délicate qui demande à être surveillée de près, si l'on veut éviter les mécomptes.

De même que l'observation est nécessaire au point de départ pour la formation de l'axiome, elle ne l'est pas moins, quand le raisonnement a parcouru ses diverses étapes. Elle doit l'attendre à l'arrivée pour le contrôle des résultats.

Car, à l'exception des cas d'une simplicité élémentaire, les résultats ont besoin d'être contrôlés par l'expérience. On a beau partir d'un principe certain, l'erreur se glisse dans l'intervalle et fausse souvent la conclusion.

En géométrie, qui est une longue suite de démonstrations se déduisant les unes des autres, si le dernier anneau de la chaîne a la sûreté du premier, cela tient à l'épreuve expérimentale qu'a subie chaque opération intermédiaire. On la contrôle avec la réalité ; et quand il y a discordance, — ce qui n'est pas rare, — on change la marche du raisonnement jusqu'à ce que l'accord s'établisse.

Quand la raison s'aventure sur un terrain qui ne se prête pas aux vérifications expérimentales, alors ses divagations n'ont plus de bornes. Tel est le cas pour certaines parties de la science philosophique ; celles qui concernent l'origine du monde et des êtres, ou leur fin dernière, ou encore l'Être suprême et sa substance. Dans ce domaine des connaissances métaphysiques où la raison règne sans partage, elle a divisé l'humanité en sectes qui se combattent depuis trois ou quatre mille ans, sans être plus près de s'entendre aujourd'hui qu'au premier jour. Elle a présidé à une véritable débauche de thèses et de systèmes, dont pas un ne ressemble à l'autre ; ce qui ne les empêche pas de se prétendre tous en possession de la vérité. Pauvre vérité qu'on travestit par tant de bariolages, et pauvre raison qui prend ces masques ridicules pour la vérité elle-même !

La politique et le droit font meilleure figure, bien que sujets encore à des variations nombreuses et mêmes contradictoires. Ces sciences s'appuient cependant sur l'observation autant que sur la raison ; car elles s'inspirent des besoins de l'individu, de la société et de l'Etat dont la vie est étudiée comme un champ d'expérience.

Pourquoi n'y retrouve-t-on pas la précision des sciences exactes ? Est-ce la faute de la méthode si les controverses sont si ardentes et les variations si fréquentes ? Non ; c'est le fait de l'homme, objet d'étude mobile et difficile à observer. L'homme ne se ressemble pas du jour au lendemain. Son caractère, ses goûts, ses caprices, ses préjugés, ses passions changent souvent, et plus souvent encore ses exigences qui vont toujours en grandissant. La politique et la loi qui doivent suivre ces fluctuations, ne se reposent jamais. Elles sont en mouvement perpétuel, et obligées à un travail de déformation et de refonte sans cesse à recommencer.

L'observation donne, en droit et en politique, des résultats aussi précis et durables que possible, eu égard aux phases inconstantes des caractères individuel et social.

La physique et la chimie sont surtout des sciences d'observation. La raison n'y tient qu'un rôle secondaire. On la trouve cependant à l'origine de certaines découvertes, au milieu d'un concours de circonstances qui prêtent plutôt à rire.

Il arrive par exemple que, se fondant sur certaines expériences antérieures, la raison prédit avec assurance que tel procédé doit mener à la solution de tel problème ; que, dans telle circonstance, tel phénomène physique ou chimique se produira certainement.

L'observation la suit dans la voie indiquée. Elle procède aux expériences dont le programme est tracé. Que trouve-t-elle au bout ? Rien de ce qui était annoncé. Des résultats qu'on donnait comme certains, pas une trace. Il arrive même le contraire de ce qui était attendu, ou encore quelque chose de tout à fait anormal, sans rapport aucun avec l'objet des recherches. Par exemple on voulait un métal, et l'on trouve un gaz explosible, doué, il est vrai, d'un magnifique pouvoir éclairant.

Le hasard n'a pas voulu que la raison s'en retournât bredouille. Il met les rieurs de son côté en amenant le contraire de ce qu'elle avait parié. On rit de la déconvenue de la prétentieuse raison, d'autant plus volontiers que l'humanité trouve son compte à des plaisanteries qui lui ont valu de nombreuses et fameuses découvertes.

La preuve de l'existence de Dieu que les spiritualistes considèrent comme le triomphe de la raison, ne doit-elle pas plus légitimement être mise à l'actif de l'observation ?

La base du raisonnement est empruntée au principe de causalité, qui, de l'existence du monde, permet de conclure à celle d'un

Créateur. La démonstration a été faite maintes fois avec un luxe de descriptions merveilleuses. Elle a inspiré les pages les plus brillantes et les plus éloquentes de toutes les littératures, et l'on comprend aisément quelle richesse de coloris, et quels élans vers le Créateur peuvent inspirer l'ordre et les magnificences de l'univers, vu par les yeux d'un croyant et dépeint par la plume d'un maitre.

Dépouillé de ces ornements, le syllogisme lui-même est des plus simples. Il est fondé sur cette loi générale : « *il n'y a pas d'effet sans cause* », laquelle est le résultat de l'observation. Dans l'ordre naturel, on constate que tout effet est précédé d'une cause ; et les phénomènes qui se passent sous nos yeux sont soumis étroitement à cette relation de cause à effet.

Le principe de causalité, dû à l'observation, est donc la proposition majeure du syllogisme. La constatation de l'existence du monde qui en forme la mineure, est encore un acte d'observation par les yeux ou par le toucher. Que reste-t-il pour la part de la raison ? Il reste à conclure en affirmant la nécessité d'une cause créatrice : conclusion sans doute très importante, puisqu'elle est le terme du raisonnement, mais aussi facile que modeste en tant qu'opération de l'esprit.

Le raisonnement étant rigoureusement établi dans ses trois propositions, la preuve de l'existence de Dieu est certaine et irréprochable. D'où vient qu'elle soit si obstinément attaquée par certaines écoles philosophiques ? Reproche-t-on à la conclusion spiritualiste de nous présenter un Dieu invisible ? L'objection ne serait pas suffisante.

Dans bien des cas, il arrive que la cause se dérobe à nos yeux, sans qu'on songe à la mettre en doute. Ainsi la terre tourne : c'est un effet que je constate sans voir la force qui agit sur elle pour la faire tourner, ou qui lui a imprimé sa rotation initiale. Néanmoins j'affirme qu'une force est nécessaire à ce mouvement ; car il ne vient à l'esprit de personne qu'un effet puisse exister sans cause. Si la trace en reste introuvable, c'est que les recherches sont mal dirigées, ou les moyens insuffisants.

Alors, d'où vient que Dieu même invisible ne bénéficie pas d'une confiance semblable ?

C'est qu'en vertu du principe de causalité, l'origine de Dieu lui-même a besoin d'être expliquée par une cause dont il soit l'effet. Et comme sur cette pente, il faut remonter indéfiniment de créateur en créateur, les spiritualistes n'ont pas voulu admettre cette hiérarchie d'êtres superposés les uns aux autres, et ils ont coupé court à la difficulté en disant que Dieu est par lui-même son propre créateur.

Ils venaient de dire le contraire.

Ils avaient affirmé qu'il n'y a pas d'effet sans cause, ou, par corollaire, qu'aucun effet ne peut être sa propre cause. Or, voilà qu'à Dieu, ils donnent pour auteur Dieu lui-même. C'est en prendre trop à son aise avec la logique que d'accepter et de renier tour à tour un principe essentiel.

Le premier raisonnement, basé sur l'observation, aboutit à une conclusion inattaquable : le monde est l'œuvre d'un créateur qui a besoin lui-même d'être créé en vertu du principe de causalité. Quand elle dit au contraire : « ce créateur est par lui-même », la raison parle au nom de ses lumières personnelles. L'observation n'a aucun moyen d'intervenir. Dès lors, tout s'obscurcit ; tout est remis en question, et l'incertitude gagne jusqu'au résultat précédemment acquis.

La raison de certaines gens conclut à un Dieu qui existe nécessairement et éternellement. La raison d'autres personnes procède d'autre manière et trouve que c'est le monde qui est nécessaire et éternel. Laquelle juge sainement la vérité, et laquelle est le jouet d'une hallucination, comme les sens qui, en certains états maladifs, voient des formes ou entendent des bruits chimériques ?

En tout cas, la guerre est allumée au sujet du quelque chose qui a pour lui l'éternité et la nécessité. Est-ce Dieu ? Est-ce le monde ? On discutait là-dessus, il y a trois mille ans ; et la discussion n'a pas tari depuis ; et la raison continue de se discréditer dans les mêmes querelles intestines.

D'ailleurs comment arriverait-on à s'entendre, quand la nécessité et l'éternité n'appartiennent à aucun des sujets sur lesquels on bataille depuis si longtemps, pas plus au Dieu qui nous gouverne, qu'au monde organisé qui nous environne ?

Le nécessaire et l'éternel résident en un autre principe, comme il apparaîtra plus clairement dans les chapitres qui traiteront de l'Infini et de Dieu.

Ainsi l'observation a le rôle le plus important dans les diverses branches d'activité de l'esprit. Elle éclaire la raison, et la remet dans le droit chemin.

A l'observation est jointe une autre faculté, qui en est comme le prolongement, et dont on va comprendre le rôle.

Prenons un exemple très simple. L'homme primitif observe que le feuillage de l'arbre l'abrite du vent ou de la pluie ; ou encore qu'à l'intérieur d'une grotte de pierre, il a moins à souffrir de la chaleur ou du froid extrême.

Bientôt il ne se contente plus d'emprunter le couvert de l'arbre, là où la nature le met à sa disposition. Il le transporte ou en plante la graine à l'endroit qu'il a choisi. Ou bien encore, imitant l'amoncellement des rochers, il place pierre sur pierre, élève des murs autour d'un espace déterminé, les couvre d'un toit pour achever la fermeture ; et il trouve, dans cette enceinte bien close, un refuge contre le froid, le soleil ou l'orage.

Ainsi l'homme observe, et, après avoir observé, il imite, il utilise son observation. Cette faculté d'imitation ou d'utilisation, qui n'est pas extraordinaire en elle-même, aboutit à des résultats gigantesques par le nombre et la continuité des applications auxquelles elle donne lieu.

Sous son inspiration, l'homme bâtit des demeures qu'il meuble d'objets utiles ; il se couvre de vêtements protecteurs : au lieu de se contenter des fruits naturels de la terre souvent insuffisants ou grossiers, il les multiplie par la culture et les perfectionne par l'industrie.

Il progresse ainsi toute sa vie. Mais les progrès d'une vie et même d'une génération ne donneraient encore que des résultats médiocres, sans arriver à l'énorme développement du patrimoine actuel de l'humanité.

Les progrès de l'individu sont bornés comme le nombre de ses jours. Il fait un pas ou deux en avant, et puis il tombe. L'humanité ne franchirait pas un étroit horizon, si l'œuvre d'une époque disparaissait avec elle.

Ce dommage est évité par un autre privilège, encore très petit en lui-même et très grand par ses conséquences : celui de désigner les choses, soit par les sons de la voix, soit par les signes de l'écriture. La génération qui s'en va, lègue ainsi son héritage à celle qui vient. Elle-même y ajoute le fruit de ses efforts; et le bagage se conserve et s'accroît d'âge en âge.

Le terrain se conquiert lentement, à force de tentatives et de labeur. Que de degrés intermédiaires entre la hutte de terre couverte de chaume, et les palais dont les flèches s'élèvent audacieusement vers le ciel! Entre la peau de bête dont se couvraient les premiers hommes, et les tissus souples et légers qui nous habillent aujourd'hui! Entre la chair et le poisson crus dont il fallait se contenter aux premiers temps, et les mets variés et délicats qui satisfont aujourd'hui à nos goûts raffinés! Eh bien! la hutte de terre pour habitation; le peau de bête pour vêtement; la chair et le poisson crus pour nourriture, l'humanité en serait encore à peu près là sans la parole et sans l'écriture qui, en nous léguant l'expérience du passé, nous dispensent de revenir sur le chemin parcouru.

Prenez les grandes inventions, celles dont on dit qu'elles bouleversent le monde ou qu'elles renouvellent la face de la terre; celles qu'on propose d'ordinaire comme les plus éclatantes manifestations du génie humain : la vapeur, l'électricité et leurs applications les plus extraordinaires. Suivez-les depuis leurs commencements souvent réduits à quelque observation d'une ingénuité enfantine jusqu'aux développements prodigieux qu'elles ont acquis de nos jours; jusqu'à ces puissantes chaudières que la vapeur bouillante pousse sur des rails d'acier; jusqu'à ces fils électriques qui font le tour du monde, et transmettent l'écriture et la parole en se jouant du temps et de la distance. Est-ce la raison qui d'emblée a conçu ces engins merveilleux ? Non, c'est la lente succession à travers les générations d'essais mille fois répétés, de progrès s'ajoutant aux progrès, d'efforts infructueux repris sans se lasser jamais jusqu'à ce que le succès les couronne.

Oui, tous ces monuments admirables sont l'œuvre du génie humain. Et qu'est-ce que le génie ? Une longue patience. Ah ! comme il voyait juste, le profond naturaliste qui a donné cette définition de la reine des facultés humaines. Cette petite chose qu'est la longue patience : voilà le génie de l'humanité !

En un mot, l'observation qui doit servir de base au raisonnement, et, par un contrôle sévère, empêcher qu'il ne s'égare ; la faculté d'utilisation, mettant à profit les résultats de l'observation ; la parole et l'écriture dont la mission est de conserver et de transmettre les connaissances acquises ; ces trois facultés s'exerçant avec la patience, qui prépare le génie de l'individu et de la race : telles sont les qualités maîtresses de l'homme, qualités en même temps très simples, plus fécondes que brillantes, et dont on ne peut dire qu'elles soient une étincelle de la raison divine.

Car de toutes, on retrouve des traces chez l'animal. S'il vit en plein air, et qu'il sente venir quelque bourrasque, vite il se réfugie sous un arbre ou dans le creux d'un rocher. Comme l'homme, il a reconnu précédemment les bienfaits de l'hospitalité qu'il y trouve. C'est un acte d'observation doublé d'une preuve de bonne mémoire.

Il entasse encore en son logis, la mousse, les feuilles sèches, le duvet ; et par là fait acte d'utilisation. Il sait que ces substances moelleuses fourniront à ses petits une couche plus douillette.

Si l'articulation des sons lui fait défaut, ses cris la remplacent en certains cas ; car ils ont des intonations variées qui les rendent intelligibles.

En maintes circonstances, il donne des preuves de raisonnement. Oh ! un raisonnement plutôt implicite, et en tous cas très simple ! Mais nous avons vu que l'homme lui-même, quand il n'est pas soutenu par l'observation, doit borner sa logique à une très élémentaire simplicité.

Eh bien ! pour le développement supplémentaire que ces facultés ont en nous, faut-il greffer sur la machine humaine un esprit qui se différencie de la matière ? Faut-il conclure à la nécessité d'une substance privilégiée dont l'existence est impossible à vérifier, et qui n'aurait d'autre fondement que la pure raison dont nous avons appris à connaître les incertitudes ?

Quand on passe du végétal aux animaux, le pas est difficile à franchir. L'apparition de phénomènes nouveaux semble exiger une substance distincte qui leur serve de base. C'est à ce tournant qu'il faut admettre l'esprit, si l'esprit doit être admis quelque part.

De là vient la gravité de la concession des spiritualistes, quand ils rangent les facultés animales parmi les propriétés matérielles. Si la matière suffit à les expliquer, même en diminutif, chez les êtres inférieurs, l'hypothèse de l'esprit est superflue pour l'homme.

Les facultés des deux côtés sont les mêmes dans leur nature. La différence ne porte que sur leur degré. Dès lors la substance est identique de part et d'autre : c'est la matière avec plus ou moins de perfectionnements dans la forme, selon qu'elle doit répondre à des qualités plus ou moins affinées.

VI

L'éther

L'esprit étant invisible et impalpable, il arrive que la matière, après avoir revêtu la forme spirituelle, échappe à la perception de nos sens. Par un effet inverse, elle redevient sensible, en revenant à l'état effectivement matériel ; et, si cette transition de la forme invisible à la forme visible et vice-versà, s'accomplissait sous nos yeux, nous aurions la preuve expérimentale des transformations de la matière en esprit, et de l'esprit en matière.

Or des changements d'état analogues se présentent fréquemment autour de nous. Les formes visibles et tangibles de la matière abondent dans l'univers. Quant à la forme invisible et impalpable, elle se rencontre dans un corps enveloppé jusqu'ici de voiles mystérieux : nous voulons parler de l'éther.

Aussi le plus haut intérêt s'attache-t-il à se faire une idée aussi exacte que possible de cet agent extraordinaire ; d'autant plus que l'éther n'appartient pas seulement au domaine physique, lui qui est aussi à la base de la vie surnaturelle. En outre il a exercé déjà dans un passé très reculé, [illegible] doit exercer dans un avenir peut-être prochain, une influence redoutable sur les destinées humaines. A ces titres divers, il est utile qu'on y prenne garde.

L'éther est un fluide qui remplit l'immensité. Il est incolore, bien que, vu à travers les profondeurs infinies du firmament, il lui communique une transparence bleue.

Les physiciens ajoutent que c'est un fluide impondérable. Cette dernière assertion est à vérifier ; car l'air atmosphérique a été, lui aussi, considéré longtemps comme n'ayant aucun poids ; ce qui n'empêche pas sa pesanteur d'être aujourd'hui démontrée par une expérience des plus simples.

On pèse exactement un ballon plein d'air. Puis on retire le gaz pour le peser à nouveau. La différence entre les poids du ballon plein et vide donne celui de l'air qu'il contenait.

Après que l'air est extrait, il est convenu

de dire que le vaisseau est vide. En réalité, il reste plein d'éther. Pour savoir si ce reste est pondérable ou non, il faudrait recommencer avec lui les opérations qu'on a faites sur l'air.

Or la physique ne connaît pas le moyen de faire le vide de l'éther. Ce fluide a la propriété de traverser les corps opaques avec la même aisance que l'espace libre. Quelle que soit la composition des parois du récipient, la capacité se remplit à mesure qu'on la vide. La méthode des pesées successives n'est donc plus de mise ici.

Une autre expérience, celle de la chute des corps dans le vide, n'est pas plus concluante. On dit : « les corps placés dans le » vide, c'est-à-dire dans l'éther, tombent avec » la même vitesse. Or, si l'éther était pesant, » il offrirait de la résistance aux objets ; et, » selon leur densité, la chute serait plus ou » moins retardée ». Certainement oui, il en serait ainsi, n'était cette faculté de pénétration qui permet à l'éther de passer au travers des corps qui tombent, sans leur opposer le moindre obstacle. La résistance étant nulle, il est rationnel que la vitesse soit la même.

De plus, toujours en raison de la même

faculté, l'éther pénètre tous les corps, et se fait partout équilibre. Par suite son poids, en admettant qu'il en ait, n'est senti en aucun point.

En résumé, la question est pendante. On voit que toute affirmation est prématurée. Il n'y a pas d'expérience décisive pour se prononcer dans un sens ou dans l'autre, pour ou contre la pesanteur.

Demandons-nous maintenant si l'éther est matériel ou immatériel.

Il est certain qu'il est invisible, impalpable, et qu'il ne tombe sous aucun de nos sens ; il n'a donc aucune des propriétés de la matière. Mais on peut aussi l'envisager d'un autre point de vue, où, par un revirement étrange, il apparaît comme matériel. On va se rendre compte de cette curieuse propriété.

La matière a des dons de magicienne qui la font tour à tour paraître et disparaître, et opérer sur elle-même des escamotages et des résurrections d'un effet surprenant.

Voyez ce morceau de charbon noir et compact : il répond bien à l'idée que nous avons des choses matérielles. Eh bien ! la chimie, en lui adjoignant un autre corps, oxygène ou hydrogène, va le transformer en un gaz totalement invisible. Il sera devenu oxyde de carbone, acide carbonique, hydrogène carburé. Plus de forme, plus de couleur, à peine une faible odeur, et presque plus de résistance au toucher. Le charbon est toujours là, mais si bien métamorphosé et volatilisé, qu'il n'a pour ainsi dire plus rien de ce qui fait la matière.

Il est toujours bien là, disons-nous, dans le composé invisible. Et en effet si l'on charge un tube de ce gaz transparent, et que, par des moyens dont le détail importe peu, on rompt la combinaison qui était faite, le charbon se précipite aussitôt ; et c'est surprise de voir la fumée sortir on ne sait d'où, et noircir le verre où tout à l'heure on aurait cru que rien n'était.

Autre exemple. Qu'est-ce que la lumière pure ? Rien en elle-même. Elle ne devient sensible que par les objets qu'elle rencontre et dont elle met en évidence la forme et la teinte particulières.

Cependant qu'un rayon de cette lumière incolore traverse un prisme de cristal, il projette de l'autre côté les tons vifs de l'arc-en-ciel. Que les sept nuances suivent le chemin inverse à travers le prisme, elles se réunissent, et se fondent en lumière pure.

Ces expériences, devenues vulgaires, n'ont pas assez retenu l'attention. Et pourtant elles méritent de la fixer au plus haut point. Elles montrent que des sensations distinctes et bien caractérisées sont à même de se résoudre en un assemblage qui ne conserve aucune apparence extérieure. Les éléments en existent toujours, mais ils sont comme évanouis dans leur combinaison.

Ces illusions des choses sensibles qui perdent et reprennent tour à tour leur consistance, sont une indication de ce qui se passe pour l'éther. Car alors toutes les propriétés matérielles et spirituelles de la nature : la matière proprement dite comme les forces insaisissables qui sont en elle, affinité, chaleur, électricité, magnétisme ; et encore les facultés d'intelligence, de sensibilité et de volonté, en un mot ce qui est palpable et ce qui est quintessencié ; tout cela peut être fondu en un tout purement idéal, ne présentant ni forme, ni couleur, ni odeur, ni toucher, ni rien de ce qui affecte nos sens ; caractères négatifs qui sont précisément ceux de l'éther.

L'éther est la fusion intime des éléments

universels qui se pénètrent si exactement qu'aucune trace ne subsiste des parties ni du tout.

Que l'assemblage se désagrège, et les parties qui le composent se retrouvent à l'état élémentaire. La matière avec ses propriétés sort de la combinaison, comme le charbon du gaz invisible. Tous ces principes, en s'associant, comme les couleurs du spectre, deux à deux, trois à trois et en toutes proportions, forment la gamme indéfiniment variée des nuances et des formes matérielles. C'est le monde sous ses mille aspects divers.

De même que l'éther, en se décomposant, isole ses éléments qui deviennent sensibles ; de même les éléments, en se réunissant, se résolvent en éther immatériel.

Ce jeu de propriétés a des conséquences du plus haut intérêt. Nous n'en voulons montrer qu'une en ce moment. Après avoir suivi la matière dans la progression qui, de l'état inerte, va jusqu'à la rendre capable de phénomènes spirituels, nous trouvons ici la confirmation expérimentale de ces résultats.

L'éther donne l'idée de ce qu'est la substance de l'esprit. On comprend par ses propriétés que la matière puisse revêtir des formes spirituelles.

Car l'éther est tout à la fois matériel et spirituel ; spirituel, puisqu'il est invisible, impalpable, insaisissable par aucun de nos sens ; — et telle est bien la définition de l'esprit ; — matériel, puisque son dédoublement donne lieu à l'apparition de la matière qu'il renferme dans sa combinaison.

D'après cela, l'état de guerre qui persiste entre matérialistes et spiritualistes est dû à un quiproquo assez plaisant. Leur entêtement s'explique. Comment l'un des deux aurait-il cédé, puisqu'ils avaient raison l'un et l'autre?

Les spiritualistes ont raison de dire que l'esprit est une substance distincte de la matière ; car il ne conserve, comme cela se voit dans l'éther, aucune propriété matérielle.

Les matérialistes ont raison de dire que l'esprit est un dérivé matériel, puisque la matière prend la forme spirituelle par un de ces artifices de transformations qui lui sont familières.

VII

Le don Créateur

Par sa nature double, l'éther est donc le trait-d'union tout indiqué entre les écoles philosophiques, sœurs ennemies, auxquelles il fournit un champ propice de réconciliation.

C'est à lui encore que l'humanité va réclamer bientôt sur un autre terrain le même genre de services pacificateurs.

L'industrie mécanique dont l'action se multiplie en tous les points du globe, suscite de fréquents et violents désaccords entre le capital et le travail, entre le travail intellectuel et le travail manuel. Il s'agit de trouver les moyens d'adoucir le labeur industriel pour amener une détente entre les facteurs de la production.

Or cet éther, inépuisable au sens strict du mot, trancherait merveilleusement la question, et il ne peut manquer d'éveiller la curiosité des chercheurs.

Alors que les usines agglomérées en certains centres, épuisent toutes les ressources aux environs, et doivent aller chercher plus profondément dans la terre ou plus loin dans les régions écartées les matériaux dont elles ont besoin, combien il serait agréable et utile d'avoir à sa portée une source de richesses qui ne tarit jamais et où il n'y a qu'à prendre!

Que l'on examine la société, et l'on verra que ses querelles ont en dernière analyse le travail pour objet. Non pas que l'humanité se partage en gens laborieux et oisifs. Tout le monde, à très peu d'exceptions près, est travailleur d'une manière ou de l'autre. Le plus grand nombre même ne s'en tient pas au nécessaire, et par des fantaisies inutiles, par des désirs immodérés, et des appétits imaginaires, ajoute encore à une tâche déjà lourde.

A quelles causes tiennent donc les rivalités sociales? Elles tiennent à la variété des besognes, à leurs avantages ou à leurs désagréments respectifs, et à la difficulté de répartir les plus pénibles.

Pour comprendre l'hostilité que soulève la répartition, il faut considérer qu'il y a dans le cœur humain un certain instinct de coquetterie très énergique et en même temps très antipathique à tout ce qui nuit à la netteté du corps et des vêtements. Et dès lors le travail est vu d'un œil différent, selon qu'il donne satisfaction à cette délicatesse de nos goûts ou qu'il la blesse plus ou moins violemment.

Qu'il s'agisse de labourer la terre, d'y semer le grain, de récolter la moisson, de moudre le blé qui fait le pain, d'élever le bétail d'où vient la viande, de transformer le lin, le coton ou la laine en fil, en toile ou en drap ; d'extraire des carrières la pierre ou l'argile ; de bâtir des chaumières ou des palais, tous ces labeurs sont rudes, et nécessitent des manipulations souvent malpropres.

Au contraire dans les lettres, les sciences et les arts; dans les carrières dites libérales, dans les administrations de l'État et des communes ; dans le cabinet de l'ingénieur et de l'architecte; dans les bureaux d'études et de comptabilité, partout en un mot où l'on n'a d'autre outil à manier que la pensée, la plume ou le crayon, si le travail est aussi actif, la tenue du travailleur est plus correcte et flatte davantage son amour-propre.

Dans la société, c'est à qui rejettera sur autrui les travaux grossiers, tout en tirant de son côté le plus possible des jouissances qu'on n'obtient pas sans eux.

Les anciens faisaient la guerre pour être servis par les vaincus. Ils aimaient mieux braver la mort, et se montrer cruels envers leurs semblables qu'ils ramenaient chez eux en esclavage, que de s'astreindre à de certaines besognes qui souillaient leurs mains et leurs vêtements, et qu'ils tenaient pour dégradantes.

Aujourd'hui mathématiciens, physiciens, chimistes, ingénieurs, mécaniciens sont plus humains sans être moins orgueilleux. Dans la guerre qu'ils font à la nature, ils visent à la maîtriser, et à nous la donner pour esclave.

La découverte qui a révolutionné le plus profondément l'industrie, consiste dans l'application de la vapeur à la machine motrice. Aidée des machines-outils qui sont venues s'y adjoindre peu à peu, elle remplace des millions de bras et de doigts.

La vapeur presse la machine motrice, qui

elle-même entraîne les machines-outils. Il y en a de mille formes variées; et chacune a ses aptitudes particulières. Il en est qui percent un tunnel sous les Alpes; et d'autres, un trou dans l'aiguille.

Avec des auxiliaires si puissants et si ingénieux, il semblerait que l'homme n'eût plus qu'à regarder et se croiser les bras; et, de fait, il ne manquerait pas de loisirs, s'il le voulait. Mais ses besoins se sont tellement multipliés, et ses exigences compliquées, on peut dire, si déraisonnablement, qu'il a plus de mal aujourd'hui à construire et à entretenir son énorme matériel d'industrie qu'il n'en avait à tourner la meule ou manier la navette au temps jadis, quand la vie était plus simple.

La machine à vapeur est affectée d'un vice rédhibitoire qui tient moins à elle-même qu'aux deux facteurs dont elle dépend étroitement : le charbon et le fer. Elle a besoin indispensablement de l'un et de l'autre : le charbon dilate la vapeur d'eau bouillante et lui imprime sa force expansive; le fer est la base de la mécanique qui tourne sous l'impulsion de la vapeur.

Or le charbon est noir et fumeux. Les

rouages des machines sont gras et salissants. Le foyer et la chaudière où l'eau se vaporise, rendent l'atmosphère embrasée et étouffante. Le fer, lui aussi, ne se forge qu'aux températures rouges.

Avec le fer et le charbon, c'est la vie au milieu de la poussière noire et de la fournaise ardente. L'homme y travaille à la sueur de son front, et la sueur colle la poussière sur le front.

Ceux qui sont à la mine, ceux qui sont à la forge, ceux qui sont au fourneau, trouvent que leur sort est le plus rude de tous. Dans le concert de plaintes qui montent d'un peu partout, c'est de ces milieux, où les mains sont plus noires et les fronts plus bronzés, que partent les récriminations les plus violentes. C'est là qu'est aujourd'hui le pivot de l'éternelle lutte sociale ; et l'esprit révolutionnaire trouve son expression la plus farouche parmi les faces les plus charbonnées.

Or qu'y a-t-il pour remplacer le fer et le charbon ?

Est-ce le vent et les cours d'eau ? C'est par eux qu'on a commencé, et l'on sait ce qu'on peut en attendre : le vent est insuffisant et irrégulier ; les cours d'eau de quelqu'importance sont rares, et en grande partie utilisés.

Peut-on fonder quelqu'espérance sur le flux et le reflux de la mer? Les flots, subissant l'attraction lunaire, se soulèvent quand la charmeuse passe, et retombent après qu'elle a passé. Ce va-et-vient de la marée développe une énergie que l'électricité distribuerait dans toutes les directions.

Ce serait grand profit. Au lieu de rimer des ballades à la poétique figure de l'astre des nuits, nos gens modernes la mettraient en actions industrielles; et, contrairement au proverbe, on irait chercher fortune dans la lune.

On n'y est pas encore, bien qu'on espère y arriver. Il y a bien des difficultés à vaincre pour l'établissement d'une mécanique régulière sur une mer si mobile; et il y a un gros problème d'électricité à résoudre pour le transport de la force à pied d'œuvre.

Quant au fer, aucun métal connu n'est à même de le remplacer. Aucun ne présente au même degré ses qualités de résistance et d'abondance. Elles font passer sur ses défauts qui vraisemblablement séviront longtemps encore. Qu'il soit rougi par le feu ou rougi par la rouille, longtemps encore le fer continuera de brûler ou de souiller ceux qui le forgent ou ceux qui le manipulent.

Pour en finir avec ces désagréments, la science va se trouver puissamment attirée vers la connaissance de l'éther.

Le mystérieux fluide n'est pas seulement la forme spirituelle de la matière. Il en est la source et le réservoir inépuisable; et, nous l'avons vu, le dédoubler, c'est mettre en liberté les trésors qu'il renferme.

Il est certain qu'en assistant à la naissance de la matière; en l'observant dès sa phase originelle avant les combinaisons compliquées qui la rendent ensuite si difficile à déchiffrer, on surprendra mieux le jeu de ses propriétés; on s'exercera à en régler la marche, de manière à modifier heureusement la composition des corps, et rendre le charbon aussi limpide que le diamant, et le fer inoxydable comme l'or.

Il est non moins sûr qu'en voyant naître les forces inhérentes à la matière : l'affinité, l'attraction, l'électricité, le magnétisme; en suivant leurs premiers pas; en se familiarisant dès le berceau avec leur caractère, l'homme les pliera plus facilement à son service, comme un animal insoumis qu'on prend tout jeune pour mieux l'apprivoiser.

Et qu'on ne nous croie pas égaré dans le pays du rêve et de la chimère!

Bien qu'il ne frappe aucun de nos sens, l'éther n'en est pas moins un corps physique dont l'existence est certaine. Le mystère qui l'entoure n'est-il pas déjà partiellement éclairci par la propagation des ondes lumineuses qui nous apportent la clarté des astres les plus reculés dans les profondeurs extrêmes du firmament? Comment l'éther pourrait-il recevoir les vibrations de la lumière, et nous les transmettre de si loin s'il ne formait une substance qui, comme le rayon visuel, va sans solution de continuité depuis la voûte étoilée jusqu'à l'œil?

Le rêve est donc moins chimérique qu'il n'en a l'air. Sa réalisation tient à l'invention d'un système, ou chimique, ou physique, ou mécanique, qui agisse en décomposant l'éther, comme le prisme de cristal sur les nuances de la lumière.

C'est ce prisme particulier qu'il s'agit de trouver!

VIII

Prométhée

De ce qui précède, il résulte que dédoubler l'éther, c'est créer la matière ; c'est tirer du néant ce qui n'est pas encore ; ou, par une variante du même pouvoir, faire rentrer ce qui est, au sein de l'infini. L'axiome : « rien ne se perd, rien ne se crée, » cesserait d'être vrai. L'homme transfiguré ne serait plus de l'humanité et passerait à un degré supérieur de l'échelle des êtres.

D'autre part, on sent qu'un voile mystérieux enveloppe le fluide étrange. Sa substance invisible et impalpable semble vouloir dépister la curiosité des chercheurs. Elle se prête plus difficilement que les autres corps aux manipulations physiques et chimiques.

En outre, l'éther n'est pas seulement du domaine borné de notre globe. Son expansion dans l'espace et sa fixité dans le temps le raccordent à l'immensité et à l'éternité. Ces caractères d'exception et d'infini font de l'éther une substance à part, dont l'intérêt va bien au-delà des horizons terrestres. Aussi avant qu'il ne soit livré aux épreuves scientifiques, est-il prudent d'être fixé sur les suites d'une entreprise où se mêlent des considérations surnaturelles.

Quelles conséquences entraînerait donc, au point de vue du sort de l'humanité, la découverte des propriétés de l'éther ?

Dans un champ aussi largement ouvert aux inspirations de la fantaisie, l'esprit aurait trop beau jeu pour échafauder maintes thèses aussi ingénieuses, et aussi incertaines les unes que les autres, et nous nous garderons bien de faire appel à ses facultés inventives.

Nous avons heureusement, pour nous servir de guides, des précédents et des faits qui, consultés avec discernement, fourniront des témoignages précis et authentiques.

Il se trouve qu'un homme, un savant, appartenant à une époque sans doute très cultivée, a fait la découverte des propriétés de l'éther, et s'est emparé du pouvoir créateur.

Des temps très lointains où il vivait, rien n'a survécu, si ce n'est le souvenir du héros ; si bien que son histoire, vue à travers les mirages de l'éloignement, et brodée par les imaginations amoureuses du merveilleux, nous est parvenue sous les couleurs de la légende.

D'après elle, Prométhée est un demi-Dieu, qui se révolta contre les Puissances Supérieures, et réussit à dérober le feu du Ciel. Grand ami des hommes, il voulait partager avec eux le fruit de sa victoire, et en faire les égaux ou les rivaux des Dieux.

Les auteurs de la légende, mal renseignés sur ce qu'était en réalité une conquête qui surpassait leur entendement, se sont tirés d'affaire avec une expression métaphorique.

Le feu du Ciel est sans aucun doute une image symbolique que les philosophes et les historiens ont généralement interprétée comme une représentation de l'esprit. Le feu du Ciel est l'étincelle de l'intelligence, la connaissance du vrai, le sentiment du beau, l'amour du bien.

Il est exact que ces qualités se rencontrent dans l'esprit humain ; mais elles n'avaient pas besoin d'être dérobées par surprise ou par force pour lui appartenir. Elles sont sa marque particulière, elles forment les degrés, les échelons qui placent l'homme au-dessus des autres êtres terrestres.

Elles lui ont été données de plein gré, avec pouvoir d'en user pour accroître son bien-être, pour élever le niveau de ses connaissances, à la condition toutefois de ne pas dépasser certaines limites que le bon sens indique, en poussant les progrès scientifiques jusqu'au point où ils mettraient en péril l'ordre universel.

L'homme a toute liberté de se servir de la matière créée, de la modifier, de la combiner, de résoudre les corps solides en liquides, et les liquides en gazeux, de mêler les bases aux acides, de transformer la chaleur en force et la force en chaleur, etc.

En quoi toutes ces opérations pourraient-elles troubler la marche de l'univers? L'œuvre de l'homme réduite à ces proportions, est à peine une ride sur le sol. Il bâtit des demeures, des tours, des palais qui durent quelques années ou quelques siècles, et qui s'écroulent ensuite pour se mêler de nouveau à la poussière informe. Les travaux souterrains sont tout aussi inoffensifs. Les puits les plus profonds mesurent mille mètres à peine, et sont à fleur de terre, si l'on tient compte du diamètre de la sphère.

Tels sont les travaux pompeusement qualifiés de gigantesques, exécutés au prix des plus grandes difficultés que l'homme ait vaincues. Que sont-ils à côté des mouvements naturels du globe et en comparaison de ces poussées de lave qui creusent à l'intérieur des vides dont nous ignorons la profondeur, et élèvent à la surface des montagnes de rochers qui se perdent au-delà des nues ? Ces transports de matériaux du centre au-dessus de la circonférence sont autrement importants que nos maigres travaux, et bien plus capables de changer l'inclinaison de la terre sur son axe ou de déplacer son centre de gravité.

En résumé, tant que l'homme ne fait que se prendre à la matière créée, ce qu'il opère de changements ne compte pas dans l'équilibre universel.

Le vrai péril, qui dépasse tous les autres, réside dans la création ou l'anéantissement. Lancer dans la circulation de nouvelles quantités de matière ou supprimer une portion de celle qui existe, ajouter ou retrancher au poids de la masse terrestre, c'est porter une atteinte certaine à sa stabilité.

Voilà le pouvoir redoutable qu'avait usurpé Prométhée, pour lequel il est puni, et puni d'un châtiment extraordinaire, inouï, dicté par la nature même de la faute.

Le condamné est enchaîné sur un rocher solitaire, et un vautour lui dévore incessamment le foie, organe du remords.

Il est enchaîné sur un rocher solitaire. C'est la première partie du supplice, celle qui doit mettre le monde immédiatement à l'abri des imprudences d'une découverte qui compromet sa sûreté.

En second lieu, un vautour lui dévore incessamment le foie.

Pourquoi cette torture plutôt qu'une autre ? Les poètes qui ont tiré de ce drame de grands effets de terreur et de pitié, n'ont peut-être pas saisi le côté le plus tragique de la condamnation. Selon eux, le foie se reforme à mesure que le vautour le ronge : telle une plante arrachée à la terre, repousse d'elle-même par quelque racine qu'on a laissée.

Cette interprétation n'est pas la bonne. Elle rend la peine quelconque, sans analogie avec la faute, et, par sa banalité, indigne des Dieux qui l'ont prononcée.

Il y a une particularité essentielle qui double l'horreur du tourment, et lui donne toute sa valeur instructive. De l'organe dévoré, il ne reste aucune parcelle qui puisse servir de semence à celui qui le remplace. Le carnassier ne laisse aucun lambeau de sa proie. Chaque fois, sous la griffe et le bec dévorants, le foie disparaît radicalement, et chaque fois la patiente victime le recrée intégralement. Cette création sans cesse renouvelée fait surtout l'atrocité de la peine. Prométhée, dépouillé du don créateur, en conserve pourtant ce qu'il faut pour entretenir le foyer de sa douleur. Il est puni par où il a péché. L'usurpateur reçoit son châtiment de l'usurpation elle-même. Le supplice est l'explication du crime.

Ainsi la vérité, dépouillée des ornements de l'imagination, la vérité toute simple et pour ainsi dire historique se fait jour sous le décor de la légende.

Prométhée est un homme, un savant dont le génie inventif a fait la renommée.

Il appartenait à une période humaine

antérieure à la nôtre ; car la terre a porté plusieurs couches d'humanités successives. Celle dont nous sommes parait remonter à six mille ans. Avant elle fut la période prométhéenne, déjà parvenue à un haut degré de culture intellectuelle, quand le puissant inventeur fit déborder la mesure par sa suprême et fatale découverte.

Les mille voix de la publicité d'alors se chargèrent d'en propager la nouvelle. L'invention fut décrite et enseignée, si bien que tous les contemporains, en possession du redoutable secret, furent compris dans la même condamnation. L'étendue de terre qu'ils habitaient, devint la proie d'un bouleversement qui dévora tout, hommes et choses, et jusqu'au dernier vestige de la civilisation.

Entre cette période humaine qui disparaissait et la nôtre qui devait lui succéder, il y eut une lacune, une interruption de l'existence, non pas complète, car il subsista quelque part un groupe d'hommes pour être les fondateurs de l'humanité nouvelle.

Ceux-là furent épargnés, parce qu'ils avaient conservé les goûts d'une candeur primitive dans une région assez distante du foyer scientique pour n'en pas subir le contact mortel.

Peut-être la vieille terre d'Atlante, alors qu'elle émergeait de l'Océan du même nom, fut-elle le théâtre où l'intelligence eut son apothéose. Patrie de Prométhée, engloutie depuis six mille ans, elle expierait sous les flots le crime d'avoir porté et nourri le téméraire enfant.

A un point opposé, vers les jardins de la Mésopotamie, en ce coin de la terre où l'on est d'accord pour placer le berceau de l'humanité présente, vivaient les bienheureux restés simples pour le salut de la race humaine.

Par le récit des voyageurs, leur âme naïve avait entrevu comme dans un rêve, les splendeurs de la civilisation qui s'épanouissait sur le continent lointain. Ils s'en représentaient les artisans comme des héros surhumains. Le formidable bouleversement qui venait d'ébranler toute la terre, et dont l'écho avait retenti jusque sur leurs bords reculés, ne pouvait que les confirmer dans leur croyance superstitieuse.

Étrangers au mouvement scientifique, incapables de comprendre une découverte à laquelle aucune étude ne les préparait, ils surent vaguement qu'un des géants, plus audacieux que les autres, s'en était pris aux Dieux eux-mêmes, et qu'il était puni pour avoir dérobé quelque pouvoir divin interdit aux hommes : ce fut le feu du Ciel. Et accommodant, comme ils pouvaient, des événements qui tenaient du prodige, et prenaient à leurs yeux des proportions fantastiques, leur imagination émerveillée enfanta la légende de Prométhée.

IX

Jésus

Il est dans le cœur de l'homme un besoin de bonheur toujours inassouvi qui l'empêche de se reposer dans le présent, et le fait aspirer à un avenir meilleur. Ce sentiment est si impérieux qu'il prend le pas sur tous les autres dans les résolutions et la conduite de la vie.

Jésus et Prométhée s'efforcent de satisfaire à cette invincible aspiration. Mais s'ils sont d'accord sur le but, ils diffèrent essentiellement quant aux moyens.

Jésus avertit énergiquement les hommes que le vrai bonheur est subordonné à la modération des désirs. Dans ses entretiens et ses enseignements, il en parle souvent comme d'une vertu nécessaire ; et, — trait plus caractéristique encore, — il en fait la clef de voûte du *Pater*.

Donnez-nous aujourd'hui notre pain quotidien : donnez-nous ce qui est nécessaire et ce qui suffit à notre nourriture; donnez-nous avec la même simplicité ce qu'il faut pour les autres besoins de la vie.

L'homme ensemence la terre; et Dieu ajoute le reste, c'est-à-dire le principal, c'est-à-dire presque tout, en envoyant la pluie et le soleil qui font germer et mûrir le grain. Et quand nous savons borner nos besoins à la sage mesure de l'utile, notre part de travail est si peu de chose, que Jésus n'en parle même pas.

Et pourtant toute facile qu'elle soit, cette besogne est encore au-dessus des forces de certains déshérités, des faibles que la naissance a traités en marâtre, des infirmes qu'une impuissance prolongée prive des moyens de se suffire; du père de famille avec trop de petits enfants à rassassier de sa chair.

Ces pauvres innocents de leur malheur n'ont pas ce qu'il faut pour vivre. Qui donc le leur fournira ?

La suite du *Pater* nous apprend là-dessus notre devoir. Dieu pourvoit à notre pain quotidien, et nous lui sommes redevables de cette avance. Le Père bienveillant nous accorde la remise de notre dette, à condition que nous traitions nos débiteurs aussi généreusement qu'il nous traite nous-mêmes.

Et dimitte nobis debita nostra, sicut et nos dimittimus debitoribus nostris (1).

Ce qui veut dire : « et faites-nous la remise » de notre dette, comme nous la remettons à » nos propres débiteurs », c'est-à-dire à ceux avec qui nous avons partagé le pain reçu de Dieu.

Ainsi le superflu vient au secours de l'indigence. Ainsi la charité distribue la vie et les consolations parmi ceux qui souffrent, et s'introduit dans la société sans effort, comme le règlement de la dette contractée envers notre Père nourricier, comme la conclusion naturelle de la modération des désirs.

La modération des désirs est une condition si essentielle de l'esprit de charité, que Jésus insiste pour nous prémunir contre les tentations qui nous en éloigneraient. Il a peur que nous ne nous laissions égarer par la séduction des richesses et des jouissances ; et il prie avec instance son Père de nous détourner de leurs pièges : *et ne nos inducas in tentationem.*

(1) N. B. — Nous adoptons ici le texte latin, car la prière française, en traduisant *debita* par offenses, a pris à tort ce mot au figuré. *Debita* veut dire tout simplement dettes, et de là viennent les mots débit et débiteurs.

Et alors ces trois conditions étant remplies : modération des désirs, charité à ceux qui en ont besoin, fuite des tentations, nous serons délivrés du mal — *et libera nos a malo* — du mal qui est en nous par nos faiblesses, et de celui qui vient de la société par ses misères.

Une vie de satisfaction si sereine et de calme si pacifique porte l'âme à la douceur et à l'extase. C'est un transport d'actions de grâces à Dieu vers qui montent les tendresses du cœur ; un acte continu d'adoration envers sa bonté et sa puissance ; un impatient désir de se rapprocher de lui. La mort elle-même est le port où l'on va sans crainte en vue d'une union plus intime avec le divin bienfaiteur.

La modération des désirs, d'où découle la vie de détachement terrestre, exige de l'homme un certain empire sur lui-même. A tous moments, ce sont des obstacles qui se dressent du fait de nos passions personnelles, ou des tentations extérieures.

Pour plier à cette existence sévère ceux de ses disciples qui demandent à la pratiquer, le catholicisme a recours à une discipline d'une rigueur inflexible. Revêtir dans le cloître une robe de bure pour montrer qu'on se sépare du monde ; et pour montrer encore qu'on renonce à ses plaisirs, sacrifier les avantages de sa personne, et, même quand on est jeune fille, laisser tomber sous le fer des ciseaux la chevelure qui encadre si gracieusement le visage.

La vie du prêtre est astreinte à des obligations du même genre.

La religion élève des édifices dont la flèche élancée relie la terre au ciel, et porte notre prière jusqu'au trône Divin. Le prêtre officie au milieu des splendeurs de l'autel, et lui-même étincelle sous les ornements qui le rendent digne du Dieu qu'il sert. Par une transformation subite, le ministre du culte, dès qu'il redevient homme, ne conserve, conformément à la doctrine du Christ, que les emblèmes de la simplicité : une robe noire et uniforme pour vêtement ; et pour demeure, hors du lieu sacré, le presbytère, humblement blotti dans un coin, à l'ombre de l'Église monumentale.

Dans la cité de Jésus, les habitants ne sont pas tenus tous à une austérité qui n'appartient qu'à une élite ; mais tous doivent la prendre pour modèle et s'en rapprocher le plus possible.

Or il est bien des gens qui ne se sentent pas capables des renoncements auxquels il faut se soumettre. Ils préfèrent le chemin plus riant de

Prométhée, avec sa pente facile vers les séductions du plaisir et de la fortune.

La société qui se fonde ainsi sur les attractions matérielles, et qui, toute différente de celle de Jésus, cherche surtout le bonheur dans les satisfactions terrestres, nous la connaissons bien. C'est la société qui s'agite sous nos yeux, dans ce mélange de gloires et de misères dont il serait superflu de tracer ici le tableau.

Ses gloires, l'humanité, non sans raison, les montre avec orgueil, parce qu'elles sont l'œuvre de son génie et de son courage.

Ses misères, elle s'en console, comme si elles n'étaient que provisoires, et elle compte sur la science, en qui repose surtout sa foi, pour l'en délivrer par des conquêtes nouvelles.

Il est certain que, poussée de retranchement en retranchement, la nature livre ses secrets un à un. Esclave soumise, elle sert son maître de plus en plus docilement dans les exigences que son tempérament réclame, et dans les caprices que sa fantaisie rêve. Au surplus, l'homme victorieux et enorgueilli par ses succès, supporte plus impatiemment les obstacles, à mesure qu'ils cèdent devant lui. Et pourquoi, par son ascendant, la mort elle-même ne serait-elle pas humiliée ? Pourquoi n'arriverait-il pas, comme il l'espère, à s'infiltrer dans les os quelque moelle régénératrice qui fixerait ses jours à l'apogée de leur développement intellectuel et physique ?

Laissons l'homme à ses songes vagues d'immortalité. Il est un autre pouvoir, plus digne d'attention, parce qu'il est plus sérieusement à sa portée : c'est le pouvoir créateur qui tient à la connaissance de l'éther, une première fois acquise par Prométhée.

De ce côté, on touche peut-être au résultat. Grâce aux moyens actuels d'investigation qui se sont étonnamment accrus et perfectionnés, nous ne sommes séparés de la victoire définitive que par les hasards d'une découverte, toujours imminente avec les surprises de la méthode expérimentale.

Oui, sans y prendre garde, l'humanité se trouve lancée sur les traces du docte héros que la légende a divinisé. D'un moment à l'autre, elle peut renouveler sa conquête : et courant au même triomphe, elle court au même précipice et au même dénouement tragique.

A ce propos, il est une particularité significative de la vie de Jésus, que les populations incrédules de l'Occident n'ont pas assez remarquée.

Jésus nait en Judée, aux confins des mondes Européen et Asiatique. C'est là que sa parole enseigne et prévient. De quel côté va-t-elle se répandre ? Est-ce l'Orient qui l'attirera par ses populations plus nombreuses ? Non, de ce côté, aucune inquiétude n'est à concevoir. Les peuples y vivent dans une impassible fidélité aux traditions. Elle va, la voix salutaire, elle s'étend partout où le danger menace, vers les contrées d'Occident qui se transformeront un jour en redoutables foyers scientifiques. Et, à mesure que le progrès envahissant se propage ou se transporte, la voix fidèle le suit à travers les étendues continentales et par delà l'Océan, de manière qu'à côté du péril soit toujours l'avertissement.

Mais les peuples d'Occident ne s'aperçoivent pas que Jésus est venu exprès pour eux. Il a beau se tenir à leurs côtés, toujours et partout où ils sont, dans l'ancien et le nouveau monde, veillant sur eux et sur eux seuls, comme sur des fils de prédilection plus imprudents et plus exposés que les autres, ces ingrats le délaissent ou le rebutent, et ne tirent aucun enseignement de sa persévérante sollicitude.

Toujours en quête de choses nouvelles,

l'humanité, loin de ralentir son activité, l'accélère vers le but qui causera sa ruine. Elle ne s'arrêtera qu'au moment où s'étant saisie du feu céleste, de ce feu auquel elle ne peut toucher sans se perdre, par la science d'un de ses fils qui donnera son nom à notre période humaine, par cet émule de Prométhée elle déterminera l'explosion fatale.

Alors ce n'est plus la voix douce de Jésus qui prévient sans se lasser. C'est l'intervention brusque de la force qui confond les ravisseurs d'un pouvoir défendu. C'est la destruction qui fait table rase des hommes et des choses. C'est le destin de l'Atlante qui s'appesantit à nouveau sur le globe.

Les volcans déchaînés en tous les points de la terre, et les éclairs qui jaillissent des nuées énormes, combinent leur œuvre incendiaire. Ils dévorent la civilisation, ses merveilles et ses artisans ; et quand tout n'est plus que cendre et fumée, l'eau des mers étend son linceul sur les continents engloutis, pour ronger par les siècles ce qui a résisté au brasier.

O humanité, oppose ta mâle et noble contenance à cet écroulement formidable où tu succombes en expiation d'une victoire qui fit trembler le ciel ! Reste jusqu'au bout digne des destinées glorieuses qui t'ont faite un instant l'égale de la Divinité, comme elle créatrice !

Console-toi en pensant que tu ne meurs, ni tout entière, ni pour toujours ; car tes défauts, faits d'intrépide orgueil et de mépris du danger, sont de ceux qu'on aime en les châtiant !

En quelque coin épargné de la terre subsiste une semence encore frustre qui germera, et peu à peu gagnera les continents nouvellement surgis du bouleversement général.

Le globe, remanié de fond en comble, est à conquérir de nouveau. Salut à l'humanité qui recommence la carrière ! Que ses premiers pionniers, ignorants et désarmés sur la terre déserte, n'aient pas trop à souffrir de commencements pénibles. Mais aussi, plus tard, au sein d'une civilisation abondamment pourvue, puissent leurs descendants, instruits par nos malheurs, garder plus de mesure en leurs goûts pour être moins tourmentés !

X

Les Êtres surnaturels

Nous avons maintenant à définir par des procédés exacts l'Être Supérieur dont l'existence se révèle si manifestement par le soin qu'il prend du monde et par l'énergie qu'il met à le défendre.

En accordant précédemment à l'homme qu'il est le roi des êtres animés, il va sans dire que notre concession est restreinte au petit cadre terrestre où son activité et ses forces sont déjà trop au large.

Malgré l'opinion exagérée que la raison a d'elle-même, sa suffisance ne va pas, il faut l'espérer, jusqu'à croire qu'elle est au premier rang de l'univers entier, et que la création s'est arrêtée à son endroit comme au terme des choses parfaites.

Il y a certainement plus et mieux dans

la multitude des globes qui brillent à travers l'espace. Comment l'homme douterait-il sérieusement qu'il existe des êtres qui valent mieux que lui, quand, dans son propre royaume terrestre, nombre de ses sujets sont pourvus de qualités qui lui manquent et qu'il est bien aise de leur emprunter. Ainsi la race canine a le flair plus développé, et l'ouïe plus perçante. Le pigeon, transporté à des distances qui nous dérouteraient, revient droit à son logis avec la sûreté du corps pesant vers le centre de la terre.

La puissance d'un être se mesure à ses productions et à ses œuvres. Or que vaut la production de l'homme et que valent ses œuvres, machines motrices les plus puissantes et machines-outils les plus adroites, en présence des mécanismes autrement merveilleux et complexes qui, trouvant en eux-mêmes une source de vie, marchent sur la terre, nagent dans les eaux, et volent dans les airs ?

Si l'homme, avec l'intelligence dont il est si fier, n'est arrivé qu'à cette mécanique relativement grossière de fer et de bois, articulés en mouvements rectilignes et rotatifs, il a fallu une Faculté bien supérieure à notre intelligence pour composer l'homme lui-même, et toute la variété d'organismes vivants dont il est le plus remarquable spécimen.

La beauté de telles œuvres fait paraître les nôtres bien vulgaires. Les os, les nerfs, la chair, le sang, etc., combinés les uns aux autres, s'animent par l'agencement de mécanismes si délicats, que l'anatomie la plus patiente n'arrive pas à en démêler les rouages.

Ainsi au-dessus de l'homme, chef-d'œuvre des êtres terrestres, se trouve la Faculté qui l'a créé, et après celle-là une autre encore plus élevée dont la précédente est sortie; et toutes ces puissances s'échelonnent de degré en degré jusqu'à la Puissance Suprême.

Tant qu'on s'élève progressivement dans l'échelle des Êtres, leur formation est aisée à concevoir. Celui qui est au rang inférieur est la créature de celui qui est au-dessus. Il en descend comme l'effet de la cause.

Mais à l'apogée de cette gradation, au point culminant de la hiérarchie, quand on arrive à Celui qui ferme la marche ou plutôt qui l'ouvre — car il est le principe qui précède toute création. — alors plus rien n'étant au-dessus ni sur le même rang, la raison ne sait où se prendre, n'ayant que le vide autour d'elle. L'homme est en face de l'Éternel, entouré d'épaisses ténèbres où se meurent les lumières de la logique.

Heureusement pour trouver le Dieu qui préside aux lois de notre humble planète, il n'est pas besoin de percer un mystère qui se cache dans des profondeurs infinies. Il suffit de lever les yeux vers les Puissances intermédiaires qui font la transition entre le Principe originel et l'homme. On ne tarde pas à voir apparaître Celle dont nous relevons et qui enveloppe notre frêle humanité dans la large envergure de ses forces intellectuelles et physiques.

Que sont ces Puissances supérieures? Où vivent-elles? Quelle forme, quelle substance est la leur?

Au point où nous sommes arrivé, voilà les particularités qu'il faut montrer pour répondre au doute des incrédules qui n'admettent que ce qu'ils ont vu au préalable.

La peinture et la statuaire se sont dès longtemps essayées à faire vivre les traits surnaturels, non pas en s'attachant à la réalité, mais en faisant appel aux inspirations de la fantaisie. Par ses œuvres belles ou naïves, l'art a ravi les cœurs, mais égaré les esprits. Et en effet l'imagination des artistes les plus puissants s'est dépensée tout entière à idéaliser les formes humaines.

Dans leurs tableaux et leurs statues, les lignes du visage sont plus pures, les proportions du corps plus élégantes, les yeux plus limpides, les fronts plus rayonnants d'intelligence; et l'harmonie d'une facture supérieure doit expliquer chez les Êtres surnaturels, sortis des imaginations artistiques, les facultés plus hautes, les sens que nous n'avons pas, ou la portée plus grande des sens que nous avons.

Ces conceptions de l'art ne sont pas d'ailleurs dénuées de toute vraisemblance. Il est certain que des modifications, même très légères dans l'apparence des organes, suffisent à entraîner des différences considérables dans leur pouvoir.

Chez nous-mêmes, qu'est-ce qui donne à notre cerveau sa prédominance sur celui de l'animal? Est-ce la composition chimique? L'association des éléments? Ou la conformation de l'organe? En tous cas, quelle qu'elle soit, la cause est si imperceptible qu'elle échappe aux analyses les plus minutieuses.

Aussi, en raison de notre penchant à supposer meilleur ce qui est plus beau, les natures enthousiastes croient-elles volontiers à la réalité de ces créations géniales, de ces figures angéliques trop ravissantes pour n'être pas adorablement bonnes. Quel chagrin, si elles ne vivaient qu'en image ! Mais elles vivent d'une vie véritable, de leur vie dévouée de gardiens célestes ; et, si nous ne les voyons pas, quoiqu'elles veillent sur nous, c'est que leur séjour est bien loin, à perte de vue, là-bas, derrière le rideau bleu du firmament.

Que dis-je ? L'âme mystique les voit dans l'extase de sa contemplation. Elle les entend parler. Et ni leur présence, ni leur voix ne la surprend. Et pourquoi les anges du ciel ne viendraient-ils pas visiter la terre ? Comment le vide immense pourrait-il les retenir ? N'ont-ils pas les ailes dont l'art religieux les a poétiquement ornés ? N'ont-ils pas l'espace ouvert devant eux, non seulement dans les limites étroites de l'atmosphère, mais bien au-delà dans les profondeurs de l'éther, où ces messagers divins évoluent d'une planète à l'autre ?

Ne nous attardons pas à suivre leurs légions au vol fugitif. Ces formes légères comme de blanches nuées, n'ont pas assez de consistance pour l'œuvre positive où nous sommes engagé. N'oublions pas que, par nos promesses, nous sommes tenu à la réalité tangible, à celle qui est saisie par les sens, et que nous ne trouverons pas moins extraordinaire que les rêves de l'imagination, bien que d'un aspect plus matériel.

Oui, des Êtres surnaturels existent et s'offrent à nos yeux. Alors pourquoi ne les a-t-on pas remarqués dès longtemps? Est-ce l'éloignement ou la petitesse extrême qui les rend invisibles?

Au contraire l'énormité de leurs dimensions, les intervalles prodigieux qui séparent leurs membres sans qu'aucune fibre apparente relie les uns aux autres, ces proportions et ces formes inusitées déconcertent, et ne laissent voir que des mondes épars là où respire un être bien déterminé.

Nous allons essayer d'en souder les parties, et, pour plus de facilité, présenter d'abord quelques considérations préliminaires sur leur constitution.

XI

Chaleur et lumière solaires

Selon un axiome scientifique, rien ne se perd, et rien ne se crée dans la nature.

Tout se modifie ou se déplace et se retrouve ici ou là, sous une forme ou sous une autre.

Cet axiome s'applique à la matière proprement dite, comme aux agents physiques qui sont en elle; la chaleur par exemple.

La chaleur se transforme en force, et la force en chaleur; et il existe toujours sous l'un ou l'autre état une somme de calorique qui ne subit ni accroissement ni diminution.

De la terre s'échappe constamment de la chaleur obscure. Le phénomène est sensible dans le rayonnement nocturne qui se traduit par un refroidissement de la croûte terrestre. Or le calorique dégagé du sol n'est pas perdu : il ne fait que se déplacer.

Pendant le jour, le déplacement continue ; mais il est compensé par l'influence des rayons solaires qui versent continuellement dans l'espace des torrents de lumière et de chaleur, de sorte qu'en définitive la température se maintient ou s'élève.

Si l'on considère une plus longue période de temps, on peut dire que la terre reçoit exactement autant de calorique qu'elle en perd, puisqu'elle oscille constamment entre les mêmes variations de degrés.

Si le soleil donnait toujours sans recevoir, il se serait refroidi ou éteint graduellement dans la série incalculable des siècles écoulés depuis qu'il se dépense.

Comment son énergie persiste-t-elle sans affaiblissement et par quel procédé se rétablit l'équilibre ? Les remarques précédentes fournissent une réponse facile à cette question.

L'astre attire à lui la chaleur obscure qui s'échappe de la terre. Des courants semblables partis des autres planètes, et de tous les points où s'exerce son attraction, montent vers lui sans interruption, et vont compenser ses pertes.

La constance de son état est due à cette double action contraire : émission de rayons lumineux ; attraction de chaleur obscure.

La plupart des rayons émis par le soleil ne rencontrent pas de corps solides qui les absorbent, et les restituent après les avoir obscurcis. Lancés à travers l'espace vide, ils se divisent et s'émiettent en une sphère toujours grandissante jusqu'au moment où la lumière, suffisamment diffuse, devient obscure. Dans cet état, elle obéit à l'attraction solaire et revient vers son point de départ.

Cette distance où les rayons projetés s'arrêtent pour commencer leur mouvement de rétrogradation, marque la limite de l'influence, ou, si l'on veut, de la portée du foyer lumineux. En traçant avec cette longueur comme rayon, une sphère idéale autour de l'astre, ce qui est à l'intérieur fait partie de l'empire solaire.

Le mouvement rétrograde donne lieu aux phénomènes inverses.

En convergeant de tous les points extrêmes vers le noyau solaire, la chaleur obscure et diffuse se rapproche, devient de plus en plus intense à mesure qu'elle tient en moins d'espace, et retrouve au centre un degré de concentration qui rétablit son pouvoir lumineux.

Ainsi l'astre reçoit de la chaleur éteinte, et en fait de la lumière vivifiante.

La lumière est lancée en ligne droite avec une vitesse prodigieuse. La chaleur obscure contourne les obstacles, ou les traverse peu à peu, et revient à son but par des chemins lents et sinueux. Le retour est donc incomparablement plus long que le départ.

En outre la nature retient pour ses besoins multiples, pour ceux de la vie animale et végétale, pour la transformation des corps, fonte des glaces, vaporisation des liquides, et en général toutes dépenses de forces mécaniques, chimiques ou physiques, des quantités importantes de calorique qui sont fixées, et attendent des périodes de temps parfois très longues pour être remises en liberté. Le soleil est donc toujours créancier d'une somme considérable de chaleur prêtée, dont il attend d'ailleurs le remboursement sans impatience, vu l'énormité de ses ressources disponibles.

Toutefois du fait de ces avances, ses réserves caloriques sont dans le cas de subir des variations plus ou moins étendues ; et le contre-coup s'en fait sentir sur les conditions météorologiques des planètes.

On dit généralement du soleil qu'il est une source de lumière et de chaleur. Il n'est pas, à proprement parler, une source de chaleur, puisqu'il ne fait que restituer celle qu'il reçoit des autres corps. Il est véritablement la source de la lumière, puisque sa fonction est de la régénérer sans cesse, et par elle de répandre sur le monde la vie et la fécondité physiques.

XII

L'Organisme planétaire

Le système d'échanges que nous venons d'observer entre le soleil et les planètes n'est pas spécial aux phénomènes de chaleur et de lumière solaires. Il s'applique à d'autres fonctions et à d'autres êtres. Le mécanisme du corps humain nous en avait fourni un premier exemple par l'action réciproque des organes sur le cerveau et du cerveau sur les organes. Nous allons retrouver la même réciprocité dans d'autres manifestations vitales du système solaire.

Car bien qu'il n'y ait entr'eux aucun rapport de formes et encore moins de proportions, le corps humain, tel que nous l'avons compris, et le système solaire, c'est-à-dire l'ensemble des globes qui gravitent autour du soleil, sont deux organismes basés sur la même conception.

Au lieu de système solaire, on nous permettra d'employer le nom d'*Organisme Planétaire.* Nous disons *organisme*, et non pas seulement système, parce que ce dernier terme n'implique d'autre idée que la révolution mécanique des planètes autour de leur centre, comme si toute leur activité se réduisait à un simple mouvement d'horlogerie.

Organisme a une signification plus haute; il veut dire que cet ensemble constitue un être organisé qui a son unité morale en même temps que physique, avec la conscience de son existence et la volonté de veiller à sa conservation.

Nous disons aussi *planétaire*, et non pas solaire, parce que le soleil n'est que le centre du mouvement physique, et qu'il en est un autre qui, commandant à la vie morale de l'organisme, est plus digne encore de lui donner son nom. Ce dernier est formé par une planète, d'où le nom d'Organisme Planétaire donné à cet être dont nous allons esquisser les principaux traits.

Sans doute, étant donné l'idée que nous nous faisons des êtres vivants, et les formes que nous sommes habitués de leur voir, l'organisme planétaire est tellement anormal qu'il étonne à première vue.

Mais le système solaire dont tout le monde admet aujourd'hui l'admirable fonctionnement, est-il moins surprenant, si on le compare à notre mécanique ordinaire? Dans nos appareils, les parties sont assemblées par des chevilles rigides; et les diverses pièces enchâssées l'une dans l'autre forment un ensemble où tout est contigu et repose sur de solides fondements, tandis que, dans la grande machine aérienne, les rouages sont séparés par des vides prodigieux, et les masses énormes suspendues au fil invisible de l'attraction.

Si le système solaire est un être vivant, il va de soi que ses fonctions ne ressemblent pas non plus complètement aux nôtres, et qu'elles s'exercent par des moyens en rapport avec la forme et les dimensions de l'organisme.

Dans le corps humain, la chaleur est entretenue par le mouvement du sang, qui prend le calorique aux poumons, et de là le distribue à toutes les parties du corps par le canal des veines et des artères. La distribution doit être rapide pour atteindre les extrémités sans un trop sensible refroidissement.

La fonction calorique du soleil est à l'organisme planétaire, ce que le cœur et le poumon sont au corps de l'homme. Seulement le transport de la chaleur est appropriée à la disposition et aux proportions des organes. Le soleil enferme la chaleur dans la lumière, et, par ce messager rapide, la lance à travers l'espace avec une vitesse dont il est difficile de chiffrer la valeur kilométrique même par seconde. C'est ainsi que, malgré les millions de lieues qui nous séparent de l'astre, ses rayons se font sentir sur la terre avec une intensité très appréciable.

Un être est composé de fonctions qui s'unissent en vue de lui donner son caractère particulier. Chez l'homme, le cerveau, la moelle épinière et les nerfs forment le système cérébral; la bouche, l'estomac et les intestins, le système digestif; le nez et les poumons, le système respiratoire. Aucune de ces fonctions n'a de vie par elle-même; mais leur réunion constitue l'être vivant.

L'Organisme planétaire ne se comporte pas autrement. Sans insister sur l'attraction qui gouverne le mouvement vital des planètes autour du soleil, pas plus que sur la fonction calorique du globe solaire, si évidente par l'éclat du foyer lumineux, mentionnons le système nerveux où nous trouvons encore un fluide pour remplacer les cordons qui relient en nous le cerveau aux autres parties du corps.

L'éther chargé de la transmission nerveuse entre les membres espacés de l'être planétaire, est l'agent subtil dont le pouvoir est vérifié déjà à propos de la propagation des ondes lumineuses.

On sait qu'il est partout, qu'il remplit tout l'espace et pénètre tous les corps. De même que, chez l'homme, le système nerveux se ramifie en un inextricable réseau de papilles qui enveloppent chaque cellule, ainsi dans le monde, il n'est pas un atome matériel, à la surface des corps ou dans leurs profondeurs, qui ne soit en contact avec l'éther. C'est le système nerveux de l'organisme planétaire.

Le rapprochement de divers systèmes, fonctionnant les uns à côté des autres, ne suffit pas pour constituer l'unité nécessaire à tout être vivant. Il faut qu'il s'y joigne un centre de ralliement qui les groupe, selon les attributions bien connues du cerveau.

Le système solaire étant un être, il y a donc quelque part dans l'organisme un globe qui constitue l'encéphale, d'où part et où aboutit la vie sensible, comme la vie physique se résume autour du soleil qui en est le centre d'attraction.

Quel est parmi les astres de l'organisme planétaire celui qui centralise l'activité nerveuse ?

Celui-là n'a pas, pour attirer l'attention, l'éclat éblouissant du globe solaire dont la température extrême serait fatale à un organe aussi délicat. L'astre cérébral, siège des facultés morales, est bien un foyer lumineux, si l'on prend cette expression au figuré; mais, au sens propre du mot, sa chaleur douce comme sa clarté réfléchie, le confond avec les autres planètes et le rend plus difficile à discerner.

Chacun des globes qui entrent dans la constitution de l'être planétaire est un organe : et chaque organe a sa fonction dans la vie de ce corps gigantesque.

Qu'il soit malaisé de déterminer avec précision le rôle de chacun d'eux, cela ne doit pas surprendre puisqu'on n'y réussit déjà qu'imparfaitement pour le corps humain, bien que toute la composition en soit placée sous les yeux.

A voir l'estomac à l'état de membrane isolée, qui devinerait qu'en lui s'opère la phase principale de la digestion ? Ou que dans le poumon réside la fonction respiratoire ? Et que le cerveau est le laboratoire de la pensée ? Pour se rendre compte du rôle de chaque organe, il faut en quelque sorte le surprendre dans l'exercice de sa fonction. Encore est-il quelques viscères du corps humain auxquels on n'en sait attribuer aucune.

Quelle sera la difficulté quand les objets à étudier sont à des distances démesurées, masses énormes qui nous apparaissent comme des points, et dont les instruments les plus grossissants ne nous montrent qu'un abrégé très confus.

Dès lors quel moyen de distinguer entre les planètes de l'organisme, celle qui en est la tête et qui porte le cerveau ? Est-ce Uranus, Saturne, Jupiter, Mars, Vénus, etc. ? Car la science, par un pressentiment de la grandeur de leur rôle, n'a vu que des dieux dans cette brillante pléiade.

Encore une fois lequel de ces globes est le cerveau du monde? Dans la confusion d'un si grand éloignement, il n'est pas possible de le désigner avec certitude. Et pourtant il est là, dans la voûte profonde, parmi les constellations radieuses que nos regards contemplent : astre aux reflets d'argent, si sa pulpe cérébrale a quelqu'analogie avec la blancheur de la nôtre.

L'hésitation qui se fait sentir à propos de la position du centre nerveux, n'ôte heureusement rien à la certitude de ses influences sur le monde.

Dans le dédoublement de l'éther qui a fourni les éléments du grand organisme planétaire, chaque membre s'est approprié les matériaux qui conviennent à sa fonction.

Le soleil est composé de substances suffisamment réfractaires pour résister à la chaleur incomparable qu'il endure constamment.

Les planètes sont formées de la matière brute et rudimentaire, c'est-à-dire occupant un certain volume dans l'espace et, pour le reste, simplement perméable aux propriétés qui lui viennent d'ailleurs.

Les essences subtiles se sont amalgamées en une sorte de pâte phosphorescente pour la création du cerveau. Dans cet organe sont concentrées les énergies qui, semblables aux feux du soleil, rayonnent ensuite de toutes parts pour vivifier l'organisme.

C'est donc par l'influence du cerveau planétaire que la matière du globe terrestre est imprégnée des propriétés multiples, qui lui donnent la vie en diversifiant ses aspects.

La foule de ces propriétés habite tout entière dans le moindre atome matériel : étroite prison qu'elles subissent en attendant les circonstances favorables qui leur permettront de se produire au grand jour.

Elles attendent dans tout corps qui se croit bien assis sur sa base, l'occasion que la pesanteur saisira, de lui faire perdre l'équilibre et de l'entraîner vers le centre de la terre.

Elles attendent dans la semence confiée au sol, le rayon de soleil printanier qui dissipe la torpeur de l'hiver, ou la goutte d'eau qui liquéfie les sucs de la terre, pour donner l'élan au germe, précurseur de la plante et des fruits. Sans le stimulant du cerveau planétaire, la germination n'aurait pas connu ce réveil de la fécondité.

Ce sont encore ces propriétés qui sommeillent dans la plante jusqu'au moment où, le végétal devenant la pâture d'un herbivore et s'assimilant à sa chair, elles éclatent, sous cette enveloppe charnelle, en manifestations de joie et de douleur, en efforts pour atteindre l'une et pour éviter l'autre, d'une manière générale en phénomènes de sensibilité et de volonté.

Enfin si la chair de l'animal est changée en corps et en sang du roi des êtres terrestres, alors une clarté étrange sort de ces profondeurs corporelles : c'est l'intelligence humaine qui projette ses lueurs sous un voile d'obscurités.

Ici s'arrête la série des transformations dont notre planète a le spectacle. Non pas que la nature soit épuisée par l'enfantement d'un chef-d'œuvre tout relatif. Elle garde jalousement dans son sein maintes vertus superbes. Mais celles-là ne sont pas faites pour la terre; elles ne trouvent leur épanouissement que dans des sphères plus hautes, et dans des formes d'une excellence plus accomplie que celles de l'humanité.

Ainsi du cerveau planétaire se répandent en courant continu les effluves qui donnent aux métamorphoses de la matière leur mobilité progressive.

Et quand ces fluides vitaux, soumis aux lois des choses bornées, ont dépensé ici-bas leur influence active, c'est au même réservoir cérébral d'où ils sont sortis, qu'ils retournent prendre de nouvelles forces. Telle la chaleur obscure, affaiblie par les services, remonte vers le soleil, pour se retremper à sa lumière.

En résumé, de l'organisme planétaire nous connaissons les systèmes physique, calorique, nerveux et cérébral. C'en est assez pour fixer les traits principaux de l'Être, et pour affirmer qu'il existe.

XIII

Le Mécanisme de la Création

La notion que nous avons maintenant des êtres surnaturels va puissamment contribuer à la simplification du problème de la Divinité.

Problème en effet plus simple qu'on ne croirait après tout ce qui a été dit et écrit à son sujet : car les philosophes spiritualistes l'ont compliqué extraordinairement à cause de l'erreur où ils tombent à l'envi, de vouloir s'élever jusqu'à la connaissance du Principe originel et de rapporter toutes choses à une Puissance infinie dont les préoccupations iraient tout particulièrement à notre planète et à nous-mêmes.

Ces visées ambitieuses d'hommes qui prétendent intéresser l'Infini aux petites affaires de leur destinée, ont provoqué en sens contraire une réaction non moins excessive.

Les matérialistes se refusent à admettre la participation d'un Dieu à l'œuvre de l'univers. Ils affirment l'existence du monde dont ils constatent les manifestations par leur sens; et, quand il s'agit d'en expliquer l'origine, ils s'y prennent de la façon la plus simple en prétendant qu'il existe nécessairement et par lui-même.

Quant à l'organisation merveilleuse que nous voyons fonctionner, elle est suivant eux le résultat naturel des propriétés de la matière. La masse d'abord chaotique a trouvé peu à peu en s'agglomérant l'état d'équilibre où elle se maintient depuis.

Dans ce système, on le voit, nulle intervention d'une puissance supérieure, qu'elle soit infinie ou surnaturelle. Or il y a une distinction essentielle à établir entre ces deux qualités différentes. Si le Principe originel et infini qui a présidé à la formation de la matière, se cache dans une obscurité impénétrable, par contre les Puissances Surnaturelles qui se sont servies de la matière créée pour composer les œuvres admirables qui frappent nos regards, ces Puissances qui ne sont séparées de nous que par la supériorité de leurs moyens, sont comprises de nos sens et de notre intelligence.

Il y a donc un juste milieu à prendre entre les deux extrêmes spiritualiste et matérialiste, et nous allons le chercher en montrant par où pèche chaque système.

Occupons-nous d'abord des affirmations de l'école matérialiste, et demandons-nous si le monde existe bien, comme elle le prétend, éternellement et par lui-même.

Il y a trois choses à considérer dans l'univers : la matière, l'espace et le temps. D'après la théorie matérialiste, la matière préexiste d'elle-même, et l'espace et le temps ont une origine qui se perd dans la nuit de l'immensité et de l'éternité.

Avec la doctrine opposée, la matière a un point de départ qui est la création ; et quand la matière est créée, l'espace et le temps s'expriment spontanément des infinis qui les recèlent.

Quand les livres anciens parlent de la naissance des choses, ils disent que Dieu créa le monde en sept jours. Le monde, c'est le soleil, la terre, l'eau, les animaux, l'homme et tout ce qui est matériel dans le ciel et les étoiles. L'énumération des choses créées ne comprend ni les jours pendant lesquels la création s'opère, ni l'étendue qu'il faut pour la recevoir. Ainsi d'après l'Écriture, le Créateur n'a à s'occuper ni du temps ni de l'espace. Ce sont des formes de l'immensité et de l'éternité qui se manifestent par voie consécutive à la création.

Quant à la matière elle-même, d'où provient-elle ? Peut-on admettre qu'elle ait été tirée également de l'immensité et de l'éternité, qui sont si complètement dénuées de tout fondement matériel ?

Ou bien sortirait-elle du pur néant par la puissance et la volonté d'un Esprit créateur dont la nature est précisément donnée comme contradictoire à celle de la matière ?

Non, la réalité a plus de vraisemblance. A l'immensité et à l'éternité est joint indissolublement l'éther qui préexiste au même titre que les deux autres infinis ; l'éther qui n'est pas encore la matière, mais qui est la source où elle est contenue, et d'où elle proviendra; l'éther dans lequel la matière retourne comme au sein qui l'a formée, quand elle reprend les éléments de la combinaison immatérielle.

L'espace et le temps sont, avons-nous dit, des formes de l'immensité et de l'éternité qui se produisent consécutivement à la matière créée. Et en effet l'espace et le temps sont étroitement liés à l'idée de mesure, laquelle tient de son côté à la vie active du monde organisé.

L'espace n'est pas sans les astres qui le peuplent, et le temps n'est pas sans les corps célestes qui le jalonnent de leurs mouvements de rotation ou de translation. Nos unités de mesure sont empruntées aux mêmes globes : le mètre est une fraction de la circonférence de la terre ; l'année comprend la révolution de la terre autour du soleil, et le jour se réduit à la révolution de la terre sur elle-même. Supprimez les sphères brillantes disséminées dans l'étendue comme autant de points de repère, et les termes de mesure font du même coup défaut en grandeur comme en durée. L'espace et le temps cessent d'exister ; car ils deviennent incommensurables, ils deviennent infinis, ils deviennent l'immensité et l'éternité dans l'éther immatériel.

Dès que la création est opérée par le dédoublement du fluide ; dès que la matière est distribuée çà et là, l'immensité et l'éternité s'évanouissent à leur tour : la vie de l'univers se met à fonctionner dans l'espace et dans le temps. L'espace devient un corps animé où les mondes circulent comme les globules du sang, tandis que les mouvements périodiques de l'organisme, avec la ponctualité des battements du cœur, enregistrent les divisions du temps.

En résumé, la nature de l'éther donne l'explication du mécanisme de la création. Avant tout, trois infinis, ou encore trois abîmes insondables : l'immensité, l'éternité et l'éther. Ils ne sont ni l'espace, ni le temps, ni le monde, mais n'attendent, pour le devenir, qu'une transformation aisée à concevoir. Du fluide dédoublé sort le monde matériel ; et de celui-ci, de ses dimensions et de ses mouvements dérivent les mesures qui créent l'espace et le temps.

Ce jeu des propriétés de l'éther est incompatible avec le système matérialiste d'après lequel la matière existe nécessairement et éternellement, dans les proportions exactes où elle se trouve, sans possibilité d'augmentation ni de diminution ; car il ne pourrait en survenir ou en disparaître quelque quantité sans un acte de création ou d'anéantissement contraire à la théorie de l'école.

Or la fixité des conditions générales de l'univers s'impose si peu qu'on peut faire, à propos du monde, toutes sortes de suppositions vraisemblables qui en modifient profondément la physionomie ou même n'en laissent rien subsister.

Par exemple, quel âge faut-il donner à la matière ? A quelle profondeur plus ou moins reculée du passé faut-il placer son extraction de l'éther ? Est-elle venue toute en même temps ou par parties successives ? L'esprit a le choix entre ces diverses conceptions, et toutes lui paraissent également acceptables. De même l'imagination peut grossir ou diminuer le volume des étoiles et des planètes, en ajouter ou en retrancher dans les intervalles qui les séparent, sans que ces remaniements excèdent les facultés de l'éther, réservoir inépuisable, et va-et-vient incessant de mondes qui rentrent et qui sortent, sans que la source en soit accrue ou atténuée.

Bien plus, nous arrivons sans difficulté à nous représenter l'espace absolument vide. Chose étrange ! Le jour nous cache la presque totalité des choses visibles, puisqu'il ne nous laisse apercevoir que la terre et le soleil, source de la lumière. C'est la nuit qui nous révèle la multitude des mondes dans la multitude des étoiles. Sans elle, nous ne soupçonnerions même pas les myriades de globes qui dans l'obscurité du firmament étincellent de tous côtés. Notre minuscule planète et l'astre un peu plus grand qui l'éclaire, seraient notre univers. Or, puisque tout s'évanouit en passant de la nuit au jour, — tout, excepté si peu de chose, — comme il est faible l'effort que notre imagination doit fournir pour supprimer le soleil, la terre et nous-même, c'est-à-dire un atome en proportion du reste !

Ces réflexions prouvent que la matière aurait pu ne pas être ou bien être de manière et en proportions différentes. De même pour l'espace et le temps qui en sont originaires. En tous cas l'univers, formé de ces trois éléments, ne se présente pas avec le caractère de nécessité que les matérialistes lui prêtent gratuitement.

XIV

L'infini

L'immensité, l'éternité et l'éther, seul à seul, sont dans un vide effroyable, et il n'y a pas de raison pour qu'ils en sortent. Rien n'indique que l'immensité et l'éternité aient d'action sur l'éther, ni l'éther sur lui-même. Dans cette immobilité des trois infinis, comment le monde naîtra-t-il du fluide ? Comment jouera le ressort de la création ?

C'est ici que les spiritualistes se livrent à des écarts de raisonnement qui font le pendant fâcheux des affirmations erronées de l'école matérialiste. Appuyés sur la raison, s'autorisant elle-même du principe de causalité, ils prétendent conclure que la matière créée — remarquons qu'il s'agit de la matière originelle, à tirer de l'éther, matière première au sens rigoureux du mot, et qu'il ne faut pas confondre avec la formation subséquente des objets qu'elle sert à façonner, depuis le plus simple vase d'argile jusqu'aux mécanismes les plus complexes de l'univers — les spiritualistes concluent, disons-nous, que la matière créée a nécessairement besoin d'un créateur : créateur éternel, car il est avant tout et par lui-même ; créateur immense, car la matière qui est son œuvre, englobe l'immensité ; perfection dans l'intelligence, et toute puissance dans l'action, attendu que, de par l'autorité du principe, la cause doit être proportionnée à l'effet.

Voilà, en toute sincérité, la preuve donnée comme fondamentale de l'existence de Dieu, et de ses caractères d'immensité et d'éternité. On peut même dire que c'est la seule, car toutes les autres dérivent plus ou moins directement de celle-là. Comme la démonstration est un peu nue, on l'enrichit par la peinture des splendeurs de l'univers. On célèbre en strophes enthousiastes les gloires de la raison qui sait gravir les sommets les plus sublimes ; et dans l'éblouissement d'une littérature et d'une éloquence aussi pompeuses, les merveilles de l'infini ne doivent plus avoir de secrets pour nous.

Or le principe de causalité, dépouillé de tout cet appareil poétique, est une modeste production de notre domaine d'ici-bas Il ressort très prosaïquement d'observations faites journellement sur les petits phénomènes de notre entourage familier, observations souvent répétées, et finalement généralisées. Il est fait pour la terre où il a son berceau, et, sur notre champ d'opérations terrestres, il confère le droit d'affirmer que tout effet procède d'une cause.

Et même dans ces limites étroitement circonscrites, s'agit-il seulement de spécialiser la cause, d'autres difficultés surgissent, souvent embarrassantes, parfois insurmontables. L'observation et la raison se mettent à l'œuvre pour en venir à bout. L'observation fouille, analyse, dissèque, combine et isole, essaie le froid et le chaud, expérimente cent réactifs divers, selon les cas, avec une patience inlassable. La raison qui devrait toujours la mettre dans le bon chemin, l'égare fréquemment sur de fausses pistes où, par bonheur, il n'est pas rare qu'un hasard obligeant survienne avec de consolants dédommagements. Malgré tous les concours qui s'entr'aident, la cause cherchée reste plus d'une fois introuvable.

Sans sortir de nous-même, si nous nous en tenons à notre propre corps, où il semble que nous soyons au mieux pour bien juger ce qui se passe, combien n'y trouvons-nous pas de causes dont les effets sont inconnus ? Voici tel organe ou telle sécrétion dont on ignore le rôle et l'utilité. Réciproquement, que d'effets dont la cause nous échappe ! Parmi les fonctions les plus apparentes, comme la respiration, la digestion, la circulation, qui sont aussi les mieux étudiées, que d'actions imparfaitement déterminées ou à peine soupçonnées dans le mélange d'influences physiques, chimiques et nerveuses qui s'y enchevêtrent ! Et quand une épine, se mettant la-dedans, dérange le système et se traduit en troubles, hélas ! trop apparents, est-ce que le hasard, la raison, l'observation et le principe de causalité, appelés au secours du patient, est-ce que tant d'yeux braqués sur le mal voient toujours clairement la cause du désordre ?

Tel est notre pouvoir à établir les relations de cause à effet, et telles sont ses défaillances sur terre et en nous-mêmes.

Que sera-ce à des distances infinies dans un monde tellement contraire au nôtre que tout est pour nous obscurité. Qui nous autorise à y transporter nos procédés de raisonnement humain ? Le principe de causalité a-t-il seulement droit d'y faire figure, et n'est-il pas là fourvoyé au milieu de conditions inapplicables à nos méthodes terrestres ? Et la raison, qui n'a même plus le contrôle de l'observation pour la ramener de ses égarements, la raison qui prend si facilement ici-bas un chemin pour un autre, aurait cette singulière prétention d'y voir plus clair dans des ténèbres infiniment épaisses !

Il est également extraordinaire que l'homme ait l'orgueil de se croire la créature d'un ouvrier Tout-Puissant. Prétendra-t-il qu'il tient à l'infini par la parcelle de matière dont il est formé et qui vient de l'éther ; ou par la petite place qu'il occupe dans le monde et qui dépend de l'immensité, ou encore par le temps bref que dure sa vie et qui appartient à l'éternité. Mais ce peu de matière, d'espace et de temps ne sont pas ce qui fait l'être, car ils étaient à d'autres avant, et ils seront à d'autres après. L'être est fait des formes que la matière prend en lui et des qualités qu'elle y revêt. Et comme ces formes sont particulières et transitoires ; et comme ces qualités sont restreintes au physique comme au moral, elles assignent à l'être un caractère essentiellement borné.

Or où voit-on, s'il vous plaît, que les objets bornés tiennent leurs formes et leurs qualités d'un pouvoir infini ?

Est-ce que le rayon de cire qui est une forme et une qualité de la matière, n'est pas disposé par l'abeille, ouvrière bornée ? Et le nid ne l'est-il pas par l'oiseau ? Est-ce que nos demeures, nos étoffes, nos machines ne sont pas façonnées par la main de l'homme ? Et dès lors l'abeille, l'oiseau et l'homme lui-même, formes et qualités de la matière sans doute plus relevées et plus savantes que la cire, le nid et ce qu'il y a de mieux dans le travail humain, dénotent, en vérité, un artisan surnaturel, c'est-à-dire dont la nature est supérieure à la nôtre, tout en restant bornée comme elle.

Quant à la matière elle-même, sa création, c'est-à-dire sa sortie de l'éther, est mêlée au mystère de l'éternel, de l'immense, de l'infini, à cet imbroglio désespérant, que les spiritualistes essaient de déchiffrer au prix de louables et stériles efforts, tandis que les matérialistes, philosophes plus résignés, renoncent à l'insoluble problème en déclarant que ce qui est doit être : prétendue nécessité qui revient à un aveu d'impuissance.

L'infini est si éloigné de nous, si inaccessible à nos sens, si incompréhensible à notre esprit, que pour nous donner l'illusion de le connaître, nous sommes réduits à cet enfantillage de lui attribuer les qualités négatives du fini.

Le fini a une forme et une mesure ; on dit de l'infini qu'il n'a ni forme ni mesure. On dit cela et rien d'autre. Quoi de plus piteux et de plus vague en même temps que cette définition applicable également au néant, qui, lui non plus, n'a ni forme, ni mesure. De sorte que ces deux extrêmes, l'un plus grand que toutes les grandeurs, l'autre plus petit que toutes les petitesses, se confondent dans une même négation.

Nous ne comprenons pas davantage comment le fini se soude à l'infini, bien qu'il y soit certainement incorporé ; l'un étant une fraction de l'autre.

Multipliez une étendue jusqu'à rendre ses proportions fantastiques, elle conserve néanmoins une forme et une mesure, c'est-à-dire deux conditions que l'infini repousse. Inversement, diminuez-la jusqu'à une exiguïté qui soit au-dessous de toute imagination, c'est encore une grandeur déterminée, un univers auprès du néant qui n'est rien. Le fini est de nature aussi inconciliable avec l'infini qu'avec le néant.

Dans le monde moral, les mêmes incompatibilités se retrouvent. Nous tombons dans l'absurde dès que nous voulons élever nos qualités à l'infini pour les transporter à Dieu. Par exemple, la justice et la bonté s'unissent facilement dans une intelligence bornée. La justice humaine peut et souvent même doit se tempérer d'une certaine bonté. Elle tient compte au coupable de ce qu'il y a de meilleur dans ses antécédents ; elle essaie de l'indulgence comme d'un encouragement à revenir au bien. La justice et la bonté, au degré relatif, forment en s'unissant un ensemble harmonieux.

Portez-les au degré absolu en les attribuant à un Dieu infiniment juste et infiniment bon, on ne s'explique plus comment ces qualités s'accordent. La justice infinie ne se laisse pas fléchir par la bonté : elle applique la peine rigoureusement encourue. La bonté infinie n'a nul souci de la justice : aimer et pardonner, voilà tout ce qu'elle sait faire.

Les deux mondes du fini et de l'infini ne sont pas plus capables de s'unir physiquement que de se concilier moralement.

Une barrière infranchissable les sépare. Leurs natures sont exclusives. Nul contact ne s'établit entr'elles.

Dès lors, comment l'Infini serait-il le Dieu de l'humanité ? Quel moyen de le comprendre ? Sous quelle forme le concevoir ? En quels termes s'adresser à lui ?

XV

Dieu

Placés entre les prétentions extrêmes des spiritualistes qui aspirent à un Dieu infini, et des matérialistes qui n'en admettent aucun, les Êtres surnaturels, avec leur puissance extraordinaire, quoique bornée, répondent exactement aux conditions de l'univers organisé.

Notre planète et les êtres qui l'habitent, tout en démontrant chez leur auteur un savoir-faire et des moyens incomparables, ne portent aucunement le cachet de la perfection.

Aux pôles sévit un froid glacial; à l'équateur une chaleur torride. Dans les régions dites tempérées, l'inclinaison du globe sur son axe amène des changements de saison qui font régner alternativement au même endroit, la température glacée des pôles ou brûlante des tropiques.

De vastes terrains, les uns exposés toute l'année aux feux directs du soleil, les autres à peine touchés obliquement, sont desséchés ou gelés, et les uns comme les autres transformés en non-valeurs.

C'est que la terre tourne sans variation autour du même axe, offrant toujours les mêmes surfaces à l'action du foyer calorique. Pourquoi quelque mouvement alterné autour de deux diamètres perpendiculaires, n'a-t-il pas présenté tour à tour l'équateur et les pôles à l'aplomb du soleil ? N'est-ce pas que les difficultés de cette combinaison, difficultés dont une Puissance Infinie se fût jouée, ont arrêté le créateur de l'Organisme Planétaire ?

Le même embarras se manifeste à propos des êtres animés.

Quelle est par exemple l'idée dominante qui préside à la conformation de l'homme ? C'est de lui donner un corps capable de servir utilement son intelligence. Les mains, munies de doigts déliés, sont les instruments qui servent à exécuter ce que l'esprit a conçu.

Tout dans la structure du corps humain a été sacrifié au besoin d'assurer son équilibre et sa marche sans recourir aux membres antérieurs qui, en se redressant, s'affranchissent du contact du sol, et se mettent aux ordres du cerveau. L'homme debout domine la terre de son intelligence et de ses bras.

Ce maintien, qu'on s'accorde à trouver plus noble, a d'ailleurs ses désavantages. Au moindre faux pas, à la plus courte absence de volonté ou d'attention, le centre de gravité est entraîné dans des déplacements grotesques ou sinistres, selon les accidents de la chute des corps. De plus, tandis que, chez le quadrupède, les gros viscères reposent sur la poitrine et l'abdomen, et n'ont à supporter que leur propre poids, ces mêmes organes, dans l'attitude droite du corps humain, sont superposés et, en pesant les uns sur les autres, se gênent et se compriment mutuellement. Aussi, l'homme ne prolonge pas au-delà d'une journée l'effort d'une position fatigante, et, quant vient le soir, il est bien aise de rapprocher la tête et les bras de la terre en s'abandonnant à un repos nécessaire.

Les facultés de l'esprit ont aussi leurs défauts et leurs qualités, les vices hideux à côté des plus nobles vertus. Et pourquoi ce mélange de bien et de mal ? Le mécanicien qui a combiné les pièces de notre personne morale, a-t-il opposé ces deux forces ennemies pour le plaisir de nous soumettre aux épreuves de leurs combats incessants, et nous exposer, quand le mal vient à prendre le dessus, aux foudres de la justice humaine et divine ?

Non. De si noirs desseins n'entraient pas dans les calculs du créateur. Il n'a vu dans notre âme que les belles qualités dont il voulait l'orner, et les vices s'y sont glissés malgré lui par les fissures et les lacunes qu'il n'a pas été maître d'éviter dans son œuvre.

Ainsi partout dans la nature se trahit l'effort qui lutte de son mieux contre les difficultés d'exécution. Partout se révèle la main d'un constructeur dont le mérite est visiblement surnaturel, bien qu'il lui arrive de céder à l'obstacle quand il est au-dessus de ses forces.

Quel est ce Dieu, dont les œuvres, sans atteindre la perfection, s'élèvent cependant à un degré de magnificence qui nous déconcerte ?

Est-il de chair et d'os comme nous-même ?

Faut-il le concevoir et le chercher sous notre

propre figure idéalisée, comme l'art et l'imagination se plaisent à le représenter ?

Il est certainement de nature matérielle, puisque l'esprit lui-même est une quintessence de la matière. Mais sa puissance et ses dimensions physiques ne supporteraient pas d'être enfermées dans le moule des formes humaines. La conformation physique d'un être est réglée d'après les nécessités de taille et de poids. Nous savons que l'Organisme Planétaire, dont les membres sont composés de sphères mesurant des centaines de mille kilomètres, n'a aucune analogie de structure avec les êtres terrestres de dimensions relativement si restreintes.

Les différents organes de ce corps gigantesque, au lieu d'être contigus, sont séparés les uns des autres par des intervalles de plusieurs millions de lieues. Au lieu de ligaments et de tendons, ils sont retenus dans leur position respective par le lien immatériel de l'attraction. Au lieu de fils nerveux, le fluide éthérique établit la communication entr'eux.

Il est facile de connaître la pesanteur totale de l'organisme par le poids de chacune des parties. Ses forces physiques sont d'autre part égales à celles de la nature. Quant à la puissance intellectuelle, elle est donnée par la valeur de ses productions, dont l'homme est la plus haute figure.

L'Être Planétaire a le pouvoir de pétrir la matière en mécanique vivante. Cela ne veut pas dire qu'avec un poids donné de terre ou de limon, ce constructeur habile sache d'emblée composer un organisme humain. Non, il ne triomphe pas si aisément des difficultés. Il est astreint à une méthode plus lente, et toutes proportions gardées, nos moyens nous permettent de comprendre les siens.

Pour achever une machine de fer, nous devons recourir à une série d'opérations compliquées ; commencer par extraire le minerai, séparer par le feu les scories du métal, forger les pièces avec leurs formes et leurs dimensions, et animer l'ensemble par une force motrice.

De même, pour former un être vivant, le créateur procède par degrés en commençant par des sujets très simples, et se servant de ces premiers résultats pour en aborder de plus complexes. En un mot, la méthode d'évolution est celle qui sert à la formation des êtres, avec cette réserve que le passage du simple au composé se fait par un acte de la volonté supérieure, et non, comme le prétend certaine école, par la rencontre fortuite des propriétés de la matière. L'autorité du maître intervient et commande à chaque transformation.

Comme le soleil, la terre et les planètes sont les membres de l'organisme planétaire, ainsi cet assemblage est à son tour un simple organe fonctionnant dans le système d'un être de conformation similaire, mais plus étendue et plus puissante.

Il est admis, par une analogie qui s'impose, que le soleil obéit, lui aussi, à un centre d'attraction, autour duquel il évolue comme une planète tributaire. Où est cet astre central, ou, si l'on veut, le cœur de cet organisme supérieur ? Quel est le diamètre de la circonférence que le soleil décrit dans son mouvement circulaire ? Et quelle est la durée de sa révolution ?

Ce centre, cette distance, ce temps et les autres éléments de ce mécanisme plus vaste sont déjà hors de notre portée. Et pourtant, nous ne faisons que lever les yeux de la terre, nous ne sommes qu'à la première étape du voyage ; nos recherches ne vont qu'à l'être placé immédiatement au-dessus de l'Organisme Planétaire. Comment suivre dès lors à travers l'espace sans fin et parmi les myriades d'étoiles, la hiérarchie des Puissances Surnaturelles dont la plus élevée au gré de notre imagination n'est que le simple rouage d'une autre encore supérieure, et qui, liées les unes aux autres, se développent toujours plus prodigieusement dans des sphères plus inaccessibles.

En même temps que leur étendue physique, croit leur force morale qui est proportionnée à la grandeur de l'empire à gouverner. Nous avons le droit ici de déduire cette relation de cause à effet ; car les organismes surnaturels ont beau atteindre des dimensions telles que le langage des nombres n'a pas de terme pour les exprimer, ils restent bornés et mesurables ; ils tombent sous l'application des principes terrestres, attendu que les plus extraordinaires qui se puissent imaginer, n'ont encore rien de commun avec la nature de l'infini.

A quoi bon d'ailleurs nous épuiser dans la conception de grandeurs fantastiques ? Faut-il tant de pouvoir pour être le maître de la fragile humanité ? L'homme est l'humble créature de l'Organisme Planétaire. Il est formé de la terre, c'est-à-dire de sa substance ; il vit en lui et par lui.

Sans aller au-delà, considérons ce que nous sommes auprès de ce qu'il est, et méditons sur la valeur de ses moyens physiques et moraux. N'est-il pas l'Être Souverain qui nous surpasse de son énorme supériorité ? N'est-il pas Dieu, sinon Tout-Puissant, du moins Très Puissant par rapport au chétif insecte que l'homme est devant lui ?

Les rapports entre Dieu et l'homme s'établissent normalement à cause de la parenté de leur nature finie, rapports du supérieur vis-à-vis de l'inférieur : celui-ci étant subordonné à celui-là dans la mesure de l'inégalité de leurs pouvoirs.

Aussi n'est-il pas juste de dire que les faibles mortels sont devant Lui, comme s'ils n'étaient pas. Cet anéantissement de nous-même, qui est réel en face de l'Infini, cesse de l'être devant une puissance déterminée dont la tâche absorbe les forces, et qui souffre de tout ce qui augmente son travail et sa peine.

Les invocations de la première partie du Pater nous avertissent du mal que nous pouvons faire à Dieu :

Que votre nom soit sanctifié ;

Que votre règne arrive ;

Que votre volonté soit faite sur la terre comme au ciel.

Pourquoi ce triple souhait de vénération, de souveraineté et d'obéissance ? Pourquoi cette répétition sous trois formes d'une prière qui se résume en soumission ? Pourquoi cette insistance de la piété filiale, alarmée des épreuves dont son père doit pâtir, si ce souverain de puissance infinie n'a qu'à vouloir pour que sa volonté soit faite ?

Comme être vivant, tenu de veiller à sa conservation, comme gouverneur du grand corps qu'il commande, comme membre d'un organisme plus puissant devant qui il est responsable, l'Être Planétaire a ses charges et son labeur.

Les obligations auxquelles il est lui-même soumis, règlent son attitude envers les hommes; car l'humanité a son rôle dans la vie du globe terrestre, et, selon qu'elle le remplit bien ou mal, elle est l'auxiliaire ou l'adversaire de la Divinité. Elle l'aide ou la contrarie dans son œuvre.

Les communications entre l'homme et son chef divin s'établissent par l'éther, dont la nature semi-matérielle et semi-spirituelle transmet les impressions morales aussi bien que les vibrations physiques.

Il n'est pas un acte de notre conduite qui n'ait son écho en Dieu. De même que l'homme n'éprouve aucune sensation sans que le système nerveux ne la transmette au cerveau, qui, lui-même, la rapporte à l'endroit précis du corps où elle s'est produite, ainsi l'éther, système nerveux du grand organisme auquel nous sommes inhérents, transmet jusqu'au moindre frisson de notre être au globe cérébral qui sait exactement duquel d'entre nous l'impression est partie.

C'est donc un juge aussi éclairé qu'un maître redoutable. Tous les éléments de la cause à décider sont entre ses mains. Il est aussi vain de vouloir le tromper que téméraire de lui résister.

C'est un roi très réel et de pouvoir absolu devant qui nous devons courber le front et dont il faut savoir accepter les commandements.

Connaître sa volonté et nous y conformer, voilà la loi qui doit primer toutes les autres. Demandons-lui qu'il nous donne la conscience de notre devoir et la force de l'accomplir. Demandons-lui cette grâce par la prière qui, comme les autres vibrations de notre être, a le véhicule de l'éther pour monter jusqu'à lui. Adressons notre prière à son esprit, c'est-à-dire au cerveau qui est un astre parmi ceux qui brillent au firmament. Prions-le en disant, ainsi que Jésus nous l'enseigne au commencement du Pater : *Notre père qui êtes aux cieux.*

FIN

Table des Matières

LILLE. — IMPRIMERIE LE BIGOT FRÈRES.